女人美容养颜

食疗小手册

药膳随手查

胡维勤 主编

黑龙江出版集团

黑龙江科学技术出版社

图书在版编目（CIP）数据

女人美容养颜药膳随手查 / 胡维勤主编. -- 哈尔滨：
黑龙江科学技术出版社，2017.6
（食疗小手册）
ISBN 978-7-5388-9138-6

Ⅰ.①女⋯ Ⅱ.①胡⋯ Ⅲ.①女性－美容－食物疗法
Ⅳ.①TS972.164

中国版本图书馆CIP数据核字(2017)第027534号

女人美容养颜药膳随手查

NÜREN MEIRONG YANGYAN YAOSHAN SUISHOU CHA

主　　编	胡维勤	
责任编辑	马远洋	
摄影摄像	深圳市金版文化发展股份有限公司	
策划编辑	深圳市金版文化发展股份有限公司	
封面设计	深圳市金版文化发展股份有限公司	
出　　版	黑龙江科学技术出版社	

地址：哈尔滨市南岗区建设街41号　邮编：150001
电话：（0451）53642106　传真：（0451）53642143
网址：www.lkcbs.cn　www.lkpub.cn

发　　行	全国新华书店
印　　刷	深圳市雅佳图印刷有限公司
开　　本	723 mm×1020 mm　1/16
印　　张	7
字　　数	120 千字
版　　次	2017年6月第1版
印　　次	2017年6月第1次印刷
书　　号	ISBN 978-7-5388-9138-6
定　　价	19.80元

目录

塑形篇 本草纤体，让女人有完美身材！

调养篇 本草内养，让女人由内而外绽放娇颜！

护肤篇

本草药膳美容，
让女人美颜有保障！

《本草纲目》既是中国古代最著名的药学宝典，又是一部现代女性抗衰养颜的百科全书。女人养颜养生如同养花，要想让女人这朵"花"一直娇艳下去，就必须灌溉根部，真正做到由内到外地呵护。作为女人，要时刻学会善待自己，而保养，就是对自己最好的善待。

本草美白褪黑，
扫除黑色素！

女人天生爱美，东方女性对皮肤白皙的追求孜孜不倦，所以有"一白遮三丑""一白遮百丑"的说法，美白是女人毕生的事业。女性对美白的追求如此热切，市面上的美白产品更是琳琅满目，功效也被各种广告描述得天花乱坠，而现实是，美白产品美白效果越好，使用者所付出的代价也就越高。其实，从中医学观点来讲，要想拥有美丽白皙的皮肤，内外调理才是真正得当的方法。

蔬菜美白让你的肌肤光洁无瑕

提到美容，很多人首先想到的是去美容院。做一次美容的费用就要几百块，如果你受不住诱惑，在美容师的"花言巧语"下，你花的可能还不止这些钱。其实，只要经常食用蔬菜，吃对蔬菜，照样能够让你的肌肤光彩照人，其效果不亚于美容院。营养学家研究，以下蔬菜均匀美白能手！

胡萝卜——"皮肤食品"

胡萝卜被誉为"皮肤食品"，能润泽肌肤。另外，胡萝卜含有丰富的果胶物质，可与汞结合，使人体里的有害成分得以排除，肌肤看起来更加细腻红润。

白萝卜——利五脏、令人白净

中医认为，白萝卜可"利五脏、令人白净肌肉"。白萝卜之所以具有这种功能，是由于其含有丰富的维生素C。维生素C为抗氧化剂，能抑制黑色素合成，阻止脂肪氧化，防止脂褐质沉积。因此，常食白萝卜可使皮肤白净细腻。

甘薯——"护肤美容减脂肪"

甘薯含大量黏蛋白，维生素C含量也很丰富，维生素A含量接近于胡萝卜中维生素A的含量。常吃甘薯能降胆固醇，减少皮下脂肪，补虚乏，益气力，健脾胃，益肾阳，从而有助于护肤美容。

❀ 黄瓜——传统的美颜圣品

黄瓜含有大量的维生素和游离氨基酸，还有丰富的果酸，能清洁美白肌肤，消除雀斑，缓解皮肤过敏，是传统的养颜圣品。

❀ 豌豆——"去黑黯、令面光泽"

据《本草纲目》记载，豌豆具有"去黑黯、令面光泽"的功效。现代研究更是发现，豌豆含有丰富的维生素A原，维生素A原可在体内转化为维生素A，起到润泽皮肤的作用。

三步扫除黑色素

女人要美白，黑色素是最大的天敌。要想去除黑色素，除了要认识黑色素形成的原因，还要找到对症策略，阻断黑色素的形成。

黑色素细胞是人体生成黑色素的特异细胞，它是从神经脊椎迁移及分化的，而一般不为人所知的是，黑色素在人体中主要起保护皮肤的作用。具体来说，当紫外线照射到皮肤上时，黑色素细胞就会刺激其中的活性成分生成黑色素来抵抗紫外线对人体皮肤的侵害。正常的情况下，由于皮肤的新陈代谢，过量的黑色素会在皮肤中正常分解，也不会影响皮肤的肤色。但如果短时间内在紫外光下暴晒，黑色素无法借由肌肤代谢循环排出表层外，就会从基底层慢慢跑出，沉淀在皮肤表皮。如果沉淀均匀，肤色就会变黑，晒日光浴晒出小麦肌就是这个道理；但如果沉淀不均匀，就会在皮肤上形成斑点。

基于黑色素形成的原因，其防治方法要分以下三步来走。

❀ 阻止黑色素沉淀，防晒是关键

每次出门前30分钟涂抹一层防晒霜可以有效地起到防晒作用。有人觉得偶尔几次忘涂防晒霜也无妨，其实这种想法是不对的。日晒的影响是可以累积的，即使是间歇性的日晒，对皮肤的伤害也很大；即使是短时间内无法看到后果，但时间一长肌肤必然就会变黑，脸上就会出现斑点，皮肤就会老化，失去弹性，显得松弛、起皱。所以，防晒的重中之重在于防微杜渐。

如果你的皮肤已经经长期日晒而变黑，这里也有可供你选择

的补救方法：用芦荟涂抹皮肤。具体方法是：把新鲜的芦荟清洗干净后，去除表皮，将其汁液涂抹在皮肤上，就可以有效治疗被晒伤的皮肤，只要坚持使用，皮肤就能慢慢变白。

❀ 要想皮肤白，进食需当心

按照《本草纲目》的记载，多吃包菜、花菜、花生等富含维生素E的食物能抑制黑色素的形成，加速黑色素从表皮经血液循环排出体外。多吃猕猴桃、草莓、西红柿、橘子等富含维生素C的食物，能淡化和分解已经形成的黑色素，美白皮肤。而像动物肝脏、豆类制品、桃子等所含有的铜或锌则会使皮肤变黑。其次，芹菜、茴香、香菜等食物会促进肌肤在受到日照后产生黑斑，属于感光食物，要少吃。

❀ 好习惯才能造就好皮肤

好的习惯是相通的，要想肌肤水水嫩嫩，又白皙无瑕，就要做到：保证充足睡眠，学会调适身心，保持愉悦心情，少抽烟，少食辛辣食物，慎喝刺激性饮料。只有做到这些，肌肤才有可能柔嫩光润。

♕ 不能错过的药膳美白法

除了要多吃美白蔬菜，以抵抗顽固紫外线、扫除黑色素，药膳美白也是一个很不错的方法。很多药材、食材都有美白的功效，如果能把它们合理地结合在一起，定会让你收获到意想不到的效果！

❀ 要想皮肤白皙气色好，吃对食物很关键

对于女性来说，多吃红枣、枸杞、玉竹、白芷、白及等做成的药膳，都能起到很好的美白效果。

①红枣：红枣性温味甘，有补中益气的功效，尤其适合血虚的女性养血安神，且红枣中含有的丰富的维生素A与维生素C，也使它具有很好的美白作用。

②枸杞：枸杞各种体质的人都能吃，它不仅有滋肾、润肺、补肝及明目的作用，还能加速血液循环，让女性由内到外如花般娇媚。

③玉竹：玉竹性平味甘，具有滋阴生津、润肺养神的功效，能让女性肠胃充分吸收养分，让脸上的肌肤变得粉嫩姣好。

④白术：白术性温，味甘、苦，不仅有补肺益气的作用，还能燥湿利水、健

胃镇静，有助于消除脾虚水肿，让女性的肌肤变得更光亮。

⑤白芷：白芷和白及是中药美白面膜中常见的成分，同时用它们做出的药膳美白功效也很显著。白芷可缓解皮肤湿气，也可排脓、解毒，而白及能有效修复及清除黑色素，内服外敷，都能起到很好的美白效果。

⑥西红柿：西红柿不仅可激发食欲，对付脾胃虚弱，且具有很好的美白功效，常吃西红柿或是拿西红柿切片来敷脸，都能起到很好的美白效果。

⑦醋：醋也可以拿来美白，《本草纲目》中说："醋可消肿痛、散水气、理诸药。"想要肌肤美白的人，可以在中午与晚上进餐前喝两小勺醋，也可以在化妆台上放一瓶醋，在洗完手之后再在手上敷一层，保持20分钟，就能起到很好的美白手部的效果。此外，在每天的洗脸水中加点醋，也能美白肌肤。

❀ 桃花、豆腐、龙胆草、火棘——四大美白材料

除了上述介绍的种种，还有四种非常有用的美白材料——桃花、豆腐、龙胆草和火棘。

①桃花：女性的面容常被形容为"面若桃花"，桃花能作为养颜护肤的佳品。桃花的美容功效早为古人所知，《神农本草经》说"桃花令人好颜色"，古代女子常用桃花来调制胭脂涂抹在脸上。相传太平公主也常用一种桃花秘方面膜，其方法是：采每年农历三月三的桃花阴干，研为细末，取七月初七的积雪调和，用来涂面擦身，早晚各用一次，每次半个小时，长期使用能使人面部洁白如雪。现代医学研究证明，桃花中富含铁，能使人面色桃红。桃花中还含有山奈酚，能去除黄褐斑。桃花中还含有香豆精，具有很好的香身功效。

②豆腐：豆腐不仅看上去嫩滑白皙，它的保湿与嫩白肌肤的功效也是其他食物所不能比的。豆腐内服外用都能美白。豆腐内服，其所含有的植物雌性激素能保护细胞不被氧化，给肌肤营造一层保护膜，而外用能直接锁住肌肤表层水分，并能补充蛋白质，让皮肤细腻动人。

③龙胆草：龙胆草是极品美容中药材，具有舒缓、镇静及滋润肌肤的功效，无论是内服还是外用，都是珍贵的美容佳品。龙胆草具有高耐受性，可抵抗各种恶劣环境，经精细提取后的龙胆草萃取液被用于护肤品中，使肌肤抵抗力自然增强，同时兼具美白与保湿的功效。

④火棘：具有美白奇效的"火棘"是一种蔷薇科植物，又称"赤阳子"，主要生长在中国大陆西北部高原地区。经过临床实验证明，火棘具有美白功效，可以抑制"组胺"刺激色素母细胞产生过多黑色素，具有淡化麦拉宁色素和保湿的神奇功效，还能让皮肤变得细腻、柔滑。

美白褪黑药膳

每个女人都想拥有洁白无瑕的肌肤。白皙的皮肤不仅看起来干净利落，还能增添女人气质。除了使用美白褪黑护肤品外，食用具有美白功效的药膳也是一个不错的选择。

猪皮花生眉豆汤

◎**配方**　猪皮120克，花生、眉豆各30克，姜片、盐、鸡精、高汤各适量

◎**制作**　①猪皮去毛洗净，切块；生姜洗净，去皮切片；花生、眉豆洗净，加清水略泡。②净锅注水，烧开后加入猪皮氽透，捞出。③往砂煲内注入高汤，加入猪皮、花生、眉豆、姜片，小火煲两小时后调入盐、鸡精即可。

◎**功效**　猪皮含有丰富的胶原蛋白，能保持皮肤的弹性和湿润状态，防止皮肤过早出现褶皱，延缓衰老；花生能通便排肠毒、抗老化、补气血、滋润皮肤；常食此品有美白功效。

粉葛煲花豆

◎**配方**　粉葛200克，花豆20克，生姜5克，白糖15克

◎**制作**　①粉葛去皮，切成小段；生姜去皮，切成片；花豆泡发，洗净。②煲中加适量水烧开，下入花豆、粉葛、生姜一起以大火煲40分钟。③快煲好时，下入白糖再煲10分钟，至粉葛、花豆全熟即可盛出食用。

◎**功效**　粉葛是富含天然雌性激素的女性食疗圣品，能嫩化皮肤，美白养颜，还能使乳腺丰满坚挺、乳房组织重构、刺激乳腺细胞生长。花豆富含膳食纤维和多种维生素，也可排毒养颜。

银耳樱桃羹

◎ **配方** 银耳50克，樱桃30克，白芷15克，桂花、冰糖各适量

◎ **制作** ①将银耳洗净，泡软后撕成小朵；樱桃洗净，去蒂；白芷、桂花均洗净备用。②向锅中倒入少许清水，加冰糖，煮至冰糖溶化，加入银耳煮20分钟，加入樱桃、白芷、桂花煮沸。

◎ **功效** 银耳含有丰富的胶原蛋白，能增强皮肤的弹性；银耳还可清除自由基、促进细胞新陈代谢，改善人体微循环，从而起到抗衰老的作用；樱桃可调中补气、祛风湿。加以白芷同煮具有补气、养血、白嫩皮肤、美容养颜之功效。

银耳美白润颜茶

◎ **配方** 黑木耳、银耳各10克，当归、麦冬各3克，绿茶5克

◎ **制作** ①将双耳洗净泡开后去蒂，撕成片状。②将当归切成片状，与麦冬、银耳、黑木耳一起放入锅中，炖煮20分钟即可关火。③加入绿茶闷五分钟，滤汁即可饮用。

◎ **功效** 当归有补血和血、调经止痛、润肠通便的功效；麦冬滋阴益气，可改善体质虚弱、面色差等情况；绿茶可泻火排毒；银耳、木耳均富含天然植物性胶质，常食可以滋润皮肤，并能去除脸部黄褐斑、雀斑，是一道上乘的美容佳品。

美白褪黑有诀窍

深层洁面是美白的第一步，使用美白洁面产品能温和地清洁皮肤表层；使用含有水质美白成分的化妆水能让营养成分很容易被吸收，这是使用其他美白产品前的基础步骤。美白精华液的有效成分能直接穿透表皮层，排除肌肤表层已生成的黑色素，而且可预防紫外线生成的黑斑、雀斑。

本草保湿润肤，让女人更水润！

水分，是人体美容最重要的条件，我们赞美别人的肌肤水嫩常常会说"能挤出水来"，可见体内蕴藏适度水分，对爱美的女人来说是多么重要！

机体的水分，为健康所需，也为美丽所需，它既有润滑的作用，又有减肥的作用。适当补充水分，可以滋润皮肤，防止褶皱，减少油脂的积聚，又能消除人体臃肿。俗话说：女人是水做的！这句话说得一点都没有错。一个健康的女人，无论是皮肤还是机体各器官都离不开水。女人皮肤健康主要是要有水嫩的、水灵灵的肌肤作为基础。如果肌肤缺水，色斑、皱纹和皮肤的一些炎症等问题就会找上你。

既然水分对美容那么重要，那么究竟该如何补水呢？要知道，化妆品和护肤品并非最佳的选择，而食物和中药不仅能让身体和皮肤更健康，补水也更得宜。中医认为女性补水需先滋阴，而滋阴的食材与药材多种多样，我们又该如何选择呢？

补水食物存在于日常饮食中

按照中医的说法，补水即解除燥热，解除燥热多用润法。根据中医"五行五色"的说法，多吃"白色食物"可以滋润身体，且白色食物多富含糖类、蛋白质和维生素等营养成分，可为人体提供热能。白色食物一般味甘性平，具有安定情绪的作用，适合于平补。那么哪些白色食物具有补水效果呢？其实，补水食物就存在于我们的日常生活中。像白萝卜、白菜、冬瓜、百合、银耳、莲子、梨子等食物均是最为大众化的，同时也是最有效的补水食物，想让自己的肌肤如水般晶莹剔透，白色食物是最好的选择。

❀ 白萝卜——"冬天里的人参"

白萝卜中含有多种维生素和矿物质，且维生素C的含量比梨和苹果高出8～10倍，同时白萝卜中还含有丰富的维生素E，两者都能起到防止因燥热导致皮肤干燥的作用。此外，白萝卜中还含有大量纤维素，能促进肠道蠕动，改善便秘。

❀ 百合——安神滋润，美容护肤

百合鲜品除富含黏液质和B族维生素、维生素C等营养素外，还含有一些特殊的营养成分，如秋水仙碱等多种生物碱。这些成分不仅具有良好的营养滋补之功效，而且还对秋季因气候干燥而引起的多种季节性疾病有一定的防治功效，常食百合，可美容养颜。

❀ 银耳——内服滋阴，外敷美容

银耳性平，味甘、淡，无毒，在《本草纲目》中记载有润肺生津、滋阴养胃、益气安神、强心健脑的作用。用银耳保湿养颜同样可内服外敷，内服可熬银耳羹天天食用。银耳羹的具体熬法是：选银耳3～6克，用温水浸5～8小时，再加热炖成糊状，加适量的冰糖服用。外敷的方法是：用适量银耳熬成糊状，直接涂在脸上，待干后再洗净。天天敷效果非常好，不仅可让肌肤摸上去很滑，还能让肌肤看上去十分水润，结合银耳羹一起食用，还可以有效医治青春痘、皮炎等皮肤病。

此外，像梨、葡萄、香蕉这一类的水果，也有非常不错的补水功效。

❀ 梨——缓解干燥最佳之选

梨"生者清六腑之热，熟者滋五脏之阴"，是缓解秋季干燥最宜选用的保健果品。它不但能增加水分的摄入，还能为人体补充大量维生素，梨中所含有的维生素成分，有深层清洁及平衡油脂分泌的作用，特别适合油性及中性肌肤者食用。梨除了可以生吃，还可制成梨汁、膏、酱、果茶等。

❀ 葡萄——"植物奶"

葡萄的营养价值很高，葡萄汁被科学家誉为"植物奶"。市面上很多以葡萄为原料制作的面膜，受到众多爱美人士的极力追捧，因为葡萄中所含有的糖分与有机酸，是肌肤天然的保湿滋润剂，也是肌肤毒素的"清道夫"，能让肌肤更有弹性、更具光泽，并能延缓衰老。葡萄富含大量的水分，极易被人体吸收，且能促进血液循环，保护皮肤的胶原蛋白与弹性纤维，还能阻挡紫外线对皮肤的伤害。

药膳:营养与保水相结合的皮肤调养品

药膳"寓医于食",既能满足你味觉的追求,摄取丰富的营养;又能让你的皮肤获得充足的水分。无论春夏秋冬,都能让你享受其中。但药膳养生也要看体质,对症下药,才能"药"到病除。

药膳——"寓医于食"

传统中药制剂多有苦味,自古以来都有"苦口良药"之说。但实际上,相当一部分人会因怕药苦而拒绝服药。这时候,药膳就可发挥大作用了。所谓药膳,即药材与食材相配伍而做成的美食。药膳"寓医于食",既将药物作为食物,又将食物赋以药用,药借食力,食助药威,二者相辅相成,相得益彰;药膳具有很高的营养价值,不仅可以防病治病、强身健体,配合恰当的食材,还能让你的皮肤滋润保湿!

药膳养生需对症下药

中医讲究辨证施治,对于药膳养生来说,需要根据每个人不同的体质、不同的症状表现加以施治,这样才能做到"对症下药,药到病除"。否则不仅对病症无益,还会损伤身体,加重病情。在中医临床中,把人体各种病症分为虚证、实证、寒证、热证。根据中医"虚者补之""实者泻之""热者寒之""寒者热之"的治疗原则,不同症状的患者根据其不同脏腑阴阳气血虚损的差异,分别给予滋阴、补阳、益气、补血的食疗治之,从而使身体恢复健康。

①虚证:主要表现为神疲气短、倦怠懒言、舌质淡、脉虚无力等。而虚证又分为体虚、阳虚、血虚和阴虚四种类型,根据虚证的不同类型应有针对性地选择恰当的补虚药。

②实证:主要表现为形体壮实、脘腹胀满、大便秘结、舌质红、苔厚苍老、脉实有力等。

③寒证:主要表现为怕冷喜暖、手足不温、舌淡苔白、脉迟等。饮食方面,要注意吃一些温热性食物,如辣椒、花椒、香菜、南瓜、大葱、大蒜等。

④热证:主要表现为口渴喜冷、身热出汗、舌红苔黄等。在饮食方面,要多吃一些偏阴凉性的食物,如苦瓜、白菜、黄花菜、冬瓜、紫菜、海带等。

保湿润肤药膳

利用药膳补水不是一蹴而就的事，需要持之以恒。要想你的皮肤滋润水嫩，不能光依靠护肤品，必须通过精心调理才行。以下推荐一系列滋润皮肤的药膳，请根据个人体质选择最适合你的一款吧！

保湿润肤药膳1

清补养颜汤

◎ **配方** 莲子10克，百合15克，北沙参15克，玉竹15克，桂圆肉10克，枸杞15克，冰糖适量

◎ **制作** ①将药材洗净；莲子洗净去心备用。②将所有材料放入煲中加适量水，以小火煲约40分钟，再加冰糖调味即可。

◎ **功效** 莲子可养心明目、补中养神，健脾补胃；百合鲜品富含黏液质及维生素，对皮肤细胞新陈代谢有益；北沙参、玉竹可滋阴润肤；桂圆可补血养颜、抗衰老；枸杞可滋阴润肤，清除自由基、抗氧化、抗衰老。此汤具有很好的滋补功效，常食可美容润肤。

保湿润肤药膳2

玉竹瘦肉汤

◎ **配方** 玉竹30克，猪瘦肉150克，盐、味精各适量

◎ **制作** ①玉竹洗净用纱布包好，猪肉洗净切块。②玉竹、瘦肉同放入锅内，加适量水煎煮，熟后取出玉竹，加盐、味精调味即可。

◎ **功效** 玉竹味甜，质柔而润，是一味养阴生津的良药，玉竹中所含的维生素A能改善干裂、粗糙的皮肤状况，使之滋润嫩滑，起到美容护肤的作用；瘦肉富含蛋白质，可补益气血，改善因气血亏虚、营养不良引起的面色微黄现象。

丝瓜鸡片汤

◎**配方** 丝瓜150克，鸡胸肉200克，生姜5克，盐5克，味精2克，淀粉适量

◎**制作** ①丝瓜去皮，切成块，鸡胸肉切成片。②再将鸡肉片用淀粉、盐腌渍入味。③锅中加水烧沸，下入鸡片、丝瓜、生姜煮6分钟，待熟后用味精调味即可。

◎**功效** 丝瓜中富含B族维生素和维生素C，能防止皮肤老化、消除斑点，使皮肤洁白、细嫩，是不可多得的美容佳品，故丝瓜汁有"美人水"之称。丝瓜能清热解毒、祛痘消痘印。此外，女性多吃丝瓜对调理月经不调也有帮助。

苹果雪耳猪腱汤

◎**配方** 苹果4个，雪耳15克，猪腱250克，鸡爪2个，盐适量

◎**制作** ①苹果洗干净，连皮切成4份，去果核，鸡爪斩去甲趾。②雪耳浸透，剪去梗蒂，飞水，冲干净；猪腱、鸡爪飞水，冲干净。③煲中加清水，将各材料加入，以大火煲10分钟，改小火煲2个小时，下盐调味即可。

◎**功效** 银耳能滋阴润肤，可有效祛除脸部黄褐斑、雀斑。猪腱富含胶原蛋白，苹果富含维生素C和膳食纤维，能美白养颜、滋阴润肤、排毒通便、清除体内垃圾。

保湿润肤面面观

先天性缺水的皮肤要想办法让肌肤留住水分，同时要注意补充营养，药膳调养的同时应合理使用营养性强的护肤品。皮肤若发生敏感性缺水则主要是由于皮肤组织缺水而受损引起的，所以当皮肤出现干燥、瘙痒、洗脸后有刺痛感且皮肤微红时，应尽量多喝水以达到补水效果。

蜜橘银耳汤

◎ **配方** 银耳20克，蜜橘200克，白糖150克，水淀粉适量

◎ **制作** ①将银耳水发后放入碗内，上笼蒸1小时取出。②蜜橘剥皮去筋，成净蜜橘肉；将汤锅置旺火上，加入适量清水，将蒸好的银耳放入汤锅内，再放蜜橘肉、白糖煮沸。③沸后用水淀粉勾芡。待汤见开时，盛入汤碗内即成。

◎ **功效** 蜜橘含有丰富的维生素C，有润肤美白的功效；加上银耳的滋阴祛斑、美容养颜、补虚损功效，可谓美容界的一道佳肴。

杨桃紫苏梅甜汤

◎ **配方** 杨桃1颗，麦门冬15克，天门冬10克，紫苏梅汁1大匙，冰糖适量

◎ **制作** ①将麦门冬、天门冬放入棉布袋；杨桃表皮以少量的盐搓洗，切除头尾，再切成片状。②药材与全部材料放入锅中，加入600毫升清水以小火煮沸，加入冰糖搅拌溶化。③取出药材，加入紫苏梅汁拌匀，待凉后即可食用。

◎ **功效** 杨桃可助消化，有滋养、保健功能；天门冬、麦门冬可滋阴清肺；此汤可健脾开胃、助消化，对人体有很好的滋养作用。

保湿润肤面面观

身体内脏的功能总是随着一定的节奏与旋律在改变，称为循环节奏。皮肤保湿也一样，应该随生理节奏行事。在办公室准备一瓶收敛水和保湿霜。午饭后，用棉片蘸收敛水清洁额头；下午4点，喝杯下午茶后，顺手给额头补充点保湿霜，这种随生理节奏而进行的保湿，往往能收到事半功倍的效果。

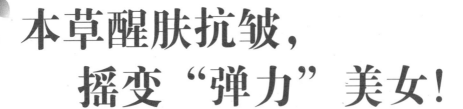

本草醒肤抗皱，
摇变"弹力"美女！

女人要想时刻保持肌肤的年轻态，不断维护嫩滑、紧致状态，就必须要着手抗老化。各式各样的美容书都在提醒女性，必须在25岁后开始抗老化保养，甚至提醒你30岁将是皮肤保养的一道坎，如保养不及时、不到位，脸上就会出现细纹，肌肤会出现松弛、下垂现象，肌肤就会每况愈下，原因何在呢？现代医学研究证明，皮肤的生长、修复和营养，以及弹性、张力等都与皮肤中的胶原蛋白密不可分。75%的真皮层由胶原蛋白组成，它们同时也是抗皱、保湿、美白的重要"功臣"。年轻人体内固然会制造大量胶原蛋白，但随着年龄增长，特别是25岁以后，它们的产量会逐渐减少，到身体的消耗量大于体内胶原蛋白的生产量时，衰老便无可避免地出现了。衰老固然不可避免，但可以让它来得更迟缓一些。保养手段要兼及内外，对内要多使用具有醒肤、紧致肌肤、改善气色的营养美食，外用具有各种抗皱功效的保养品，长期坚持，皮肤定能焕然一新，使整个人"亮"起来。

❀ 瓜果去皱让你的皮肤紧致、细腻

人体皮肤表面老化和皱纹的产生大致有以下4种情况：第一种是皮肤保养不善造成皮下脂肪减少；第二种是皮肤表面的汗腺和真皮中的皮脂腺遭到长期破坏，以致丧失分泌功能，无法继续滋润皮肤；第三种是真皮中的胶原蛋白随年事增高而逐渐变硬引起皱纹；第四种是肌肉的萎缩老化直接影响皮肤的丰满程度。时尚是我们一直追求的东西，但时尚往往又变化无穷。无论时尚的风向怎样转，"崇尚自然"始终是不可动摇的，对抗皱纹亦是如此，针对引起皱纹的各种因素，我们可以合理利用生活中常见的一些瓜果来进行内外护肤，这对延缓皱纹的产生能起到一定的作用。

以下，推荐一些可抗皱嫩肤的瓜果，让我们和衰老说"拜拜"！

黄瓜——"厨房里的美容剂"

黄瓜汁能美容，它有洁肤作用，可以防止皮肤老化。将黄瓜用榨汁机榨成汁，用棉签取黄瓜汁涂脸，有皱纹处应多涂一些，约20分钟后洗净。此款保养品能显著改善肌肤皱纹，使皮肤白净。

胡萝卜——常喝新鲜的胡萝卜汁能养颜美容

胡萝卜中所含的胡萝卜素，不但在人体内能转变为维生素A，而且对肌肤也有淡化斑点、促进新陈代谢、防止老化的作用，让肌肤红润有光泽，因此是一种非常好的护肤品。另外，胡萝卜外敷也有很好的美容效果。将胡萝卜搅碎成泥，加入适量奶粉与橄榄油调匀成面膜，用来敷脸，约20分钟待面膜干掉后将其洗净。此款面膜具有极好的抗皱功效，能有效防止皮肤老化。

苹果——"每日一苹果，医生远离我"

苹果含有丰富的果糖、葡萄糖和蔗糖，还有大量的钙、铁、锌、磷、钾等营养元素。苹果所含的营养既全面又容易被人体消化吸收，而且它还具有美容护肤的功效，无论是内服还是外敷，效果都相当不错！取苹果半个捣碎后，加蜂蜜1匙和面粉少许，调成糊状。使用时，将这种膏状物涂敷于面部，30分钟后洗净。每周1或2次，可达到去皱、增强皮肤弹性的效果。

西红柿——抗老化、润肤美白必不可少

西红柿是人们餐桌上不可或缺的美食。西红柿营养丰富且热量低，含有丰富的酸性汁液、维生素C和茄红素，这些营养成分对肌肤抗老化和润肤美白都有很好的效果。同时，西红柿中的维生素、矿物质、微量元素、优质的食物纤维及果胶等高价值的营养成分也很适合添加于保养品中，发挥优异的抗老化效果。

丝瓜——增白、去皱的天然美容品

丝瓜中含有防止皮肤老化的B族维生素、增白皮肤的维生素C等成分，能保护皮肤、消除斑块，使皮肤洁白、细嫩，是不可多得的美容佳品。据医学家实验证明，长期食用丝瓜或用丝瓜液擦脸，可以让肌肤柔嫩、光滑，并可预防、消除痤疮和黑色素沉着，故丝瓜汁有"美人水"之称。

❀ 草莓——美容的理想佳品

草莓含有丰富的果酸、维生素和矿物质等，具有增白去皱之功效，是美容的理想佳品。用草莓挤汁敷面，能收到令人满意的美容效果：将草莓捣碎，用双层纱布过滤，将汁液混入鲜奶中，拌均匀后，将草莓奶液涂于皮肤上加以按摩。保留奶液于皮肤上15分钟后用清水清洗干净即可。

🎗 对抗衰老有奇招：药膳养生法

对抗衰老，要靠吃！肾主藏精，要想保住年轻容颜，首先要把肾养好。日常生活中要注意合理膳食，多吃一些黑色食物以及补肾的食材，或者利用药材与食材的相互结合，煮出美味又富含营养的药膳，让你内外都保持年轻！

❀ 延缓衰老，首先要把肾养好

青春是无限美好的，所以我们极力想留住青春、拒绝衰老。中医认为：肾主藏精。肾精充盈，肾气旺盛时，五脏功能运行正常。而气血旺盛，则容颜不衰。当肾气虚衰时，人就会表现出脸色黯沉、鬓发斑白、齿摇发落等未老先衰的症状。肾阳虚体质者更会导致身体功能的退化，在皮肤方面则表现为肌肤呈现老化的状态，皱纹出现在脸上。所以，要想让衰老来得慢些，首先要把肾养好！

肾为先天之本，而"黑色入肾"，所以我们可以通过多食用一些黑色食物以达到强身健体、补脑益精、防老抗衰的作用。那么，什么是"黑色食品"呢？"黑色食品"有两种含义：一是黑颜色的食品；二是粗纤维含量较高的食品。常见的黑色食品有黑芝麻、黑豆、黑米、黑荞麦、黑葡萄、黑松子、黑香菇、黑木耳、海带、乌鸡、甲鱼等。

此外，还可以经常吃一些富含胶原蛋白的食物，如猪蹄、猪皮等。猪蹄和猪皮中含有大量的胶原蛋白，常常吃煮得酥烂的猪蹄、猪皮，不仅能为肌肤补充大量的胶原蛋白，还能延缓衰老的到来，让你面色红润，气色越来越好。下面这道具有补肾健脾、润肤抗皱功效的红枣猪皮汤就适合常常做来吃。取猪皮300克、黑豆150克、红枣20克，先将猪皮去毛、洗净，用水焯过后切块备用，然后将洗净的黑豆、红枣（去核）放入煲内煲至豆稔，再加入猪皮煮半个小时，最后放入调味料即可食用。

🌸 五种抗衰食材，让你吃出紧致肌肤！

我们日常生活中吃到的鱼肉、莲藕、鸡蛋、蜂蜜和红糖，都是非常有效的抗衰食材，让我们来看一下这些食材的奇特功效吧！

①**鱼肉——肌肤紧致的秘密**。要想拥有年轻、紧致的皮肤，没什么比吃鱼肉更加有效了。鱼肉中含有一种神奇的化学物质，这种物质能作用于表皮的肌肉，使肌肉更加紧致，表皮也就自然紧致又富有弹性了。营养专家认为，只要每天吃100~200克的鱼肉，一星期内你就可以感受到面部、颈部肌肉的明显改善。

②**莲藕——抗衰老"藕"当先**。藕虽生在淤泥中，但一出淤泥则洁白如玉。藕既可当水果又可做佳肴，生啖熟食两相宜。不论生熟都有很高的营养价值。对皮肤抗衰老有非常好的功效。

③**鸡蛋——天然防晒佳品**。如果你要晒太阳，除了搽上防晒霜之外，不妨再吃点鸡蛋。鸡蛋含有大量的硒元素，它的作用就是在你的脸上构筑一个自然的"防晒保护层"。爱美的你一定知道太阳光是导致皮肤衰老的重要原因，因为紫外线会破坏细胞结构，使肌肤快速衰老，所以给自己的皮肤构筑一个这样的天然保护层是非常重要的。不要以为只有夏天才需要防晒，或者只有怕晒黑才要防晒，防晒是任何爱美的女性随时随地都要做好的功课。

④**蜂蜜——理想的天然美容剂**。南北朝名医甄权在其《药性论》中有述："蜂蜜常服面如花红。"现代医学研究证明，蜂蜜内服与外用，不仅可以改善营养状况，促进皮肤的新陈代谢，增强皮肤的抗菌能力，减少色素沉着，还能改善肌肤的干燥状况，使肌肤柔软、洁白、细腻，对各种皮肤问题如皱纹和粉刺，也能起到理想的缓解作用。长期服用，能让肌肤柔嫩、红润，富有光泽。

⑤**红糖——排毒除斑抗衰老**。红糖实际上属于一种多糖，具有强力的"解毒"功效，能将过量的黑色素从真皮层中导出，通过全身的淋巴组织排出体外，从源头阻止黑色素的生成。另外，红糖中蕴含的胡萝卜素、维生素B_2、烟酸、氨基酸、葡萄糖等成分对细胞具有强效抗氧化及修护作用，能使皮下细胞排毒后迅速生长，避免出现色素反弹，真正做到"美白从细胞开始"。

药膳养生，是一场长久的战役。只用护肤品来抗衰并不够，还要与药膳养生相结合，才能达到理想的效果。

醒肤抗皱药膳

想要保持年轻的肌肤状态，首先要懂得保养。保养并不仅仅是你在脸上涂多少昂贵的护肤品或者去美容院做多少专业的护理，其实内部调养更为重要。以下推荐一些抗皱防衰的药膳，让你内外都年轻动人！

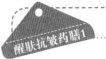

百合猪蹄汤

◎**配方**　百合100克，猪蹄1只，料酒、精盐、味精、葱段、姜片各适量

◎**制作**　①猪蹄去毛后洗净，斩成件；百合洗净，备用。②将猪蹄块下入沸水中氽去血水。③猪蹄、百合加水适量，放入葱段、姜片大火煮1小时后，加入调味料即可。

◎**功效**　百合鲜品富含黏液质及维生素，能促进皮肤细胞新陈代谢；猪蹄含有丰富的胶原蛋白，能防治皮肤干瘪起皱、增强皮肤弹性和韧性。常食此汤能起到非常好的润肤抗皱作用。

益气润肤汤

◎**配方**　土茯苓25克，胡萝卜600克，鲜马蹄10粒，木耳20克，盐少许

◎**制作**　①将胡萝卜、鲜马蹄、木耳均洗净，去皮切块。②将备好的胡萝卜、马蹄、木耳、土茯苓和1000毫升水放入砂锅中，以大火煮开后转小火煮约两小时。③再加盐调味即可。

◎**功效**　土茯苓具有解毒、除湿、利关节的功效。胡萝卜富含维生素，可使皮肤细嫩光滑，对皮肤干燥、粗糙者有很好的食疗作用。此汤具有补气益血、润泽肌肤的功效。

香蕉蜂蜜牛奶

◎ **配方** 牛奶200毫升，香蕉半根，橙子半个，蜂蜜10克

◎ **制作** ①香蕉、橙子去皮，与蜂蜜一起放入果汁机内搅拌。②待搅至黏稠状时，冲入热牛奶，再搅拌10秒钟。③待温度适宜后即可食用。

◎ **功效** 香蕉能美白养颜、排毒通便、醒肤抗皱，防癌抗癌；牛奶是最佳的钙源，并且富含蛋白质，经常食用能改善机体微循环、促进新陈代谢，还能美白抗皱，改善皮肤粗糙暗黑；蜂蜜可滋阴润肤、排毒养颜、祛斑抗皱。经常便秘的女性也可经常食用本品。

灵芝玉竹麦冬茶

◎ **配方** 灵芝5克, 麦冬6克, 玉竹3克, 蜂蜜适量

◎ **制作** ①将灵芝、麦冬、玉竹分别洗净，一起放入锅中，加水600毫升，大火煮开，转小火续煮10分钟即可关火。②将煮好的灵芝玉竹麦冬茶滤去渣，倒入杯中，待茶稍凉后加入蜂蜜，搅拌均匀，即可饮用。

◎ **功效** 灵芝能美白养颜、有效抗皱、抗衰老。麦冬能滋阴润肤、抗皱抗衰老、改善皮肤松弛症状；玉竹可滋阴润燥，改善面色苍白、萎黄现象。因此常喝此茶不仅能紧肤抗皱，还能增强体质。

醒肤抗皱这样做

　　45岁以上的女人表皮细胞再生能力较差，老化加速，皱纹不退，皮肤干燥，原因是皮肤纤维组织加厚，皮肤的胶原和弹性纤维蛋白减少，所以需要全面的补救护理。应使用如蛋白胶、弹性硬蛋白之类的高蛋白修护霜，为肌肤提供营养，促进细胞生长和修补细胞。

本草祛斑消痘，
面部光洁无瑕！

斑是女人美丽的天敌，对于祛斑消痘来说，中药比什么都有效。中医强调人体是一个有机的整体，而皮肤是机体最外层的一部分，它与脏腑、经络、气血等有着密切的关系，只有各脏腑功能正常，气血处于充盈的状态，经脉畅通，人的五官、指甲才能得到滋润，肌肤才能变得自然、光洁、细腻，没有斑点。若功能失调，经脉阻滞，则反映到脸上便是色素沉着、斑点密布。肌肤产生各种斑点与瑕疵的根本原因在于人体气血瘀滞，所以，若在食疗基础上配合服用理气类的药物，就能达到良好的活血祛瘀的效果，也就能在根本上去除肌肤瑕疵。

🎀 中药面膜——把美丽贴脸上

中药面膜是以中药为主要成分，用其粉末或煎液、提取液等，适当添加辅助成分，直接调成糊状涂抹于脸上或颈部形成膜状，或者浸湿棉片纱布后贴敷于面部，保留一定时间后洗去或者揭去。药物面膜在暗疮、黄褐斑、面部皮炎等的治疗方面都有很好的效果。

比如，针对痤疮、油性皮肤，常加用黄连、薄荷、冰片、樟脑、硫黄、芦荟等，可起到消炎、抑制皮脂分泌、收缩毛孔、镇静皮下神经丛、收敛疮口、消除红肿疼痛的作用。

用于营养皮肤，可加入胎盘、花粉、蜂王浆等，可以有效地促进细胞新陈代谢，延缓皮肤衰老。针对色斑、皱纹可加入当归、珍珠、人参等，可起到祛斑增白的作用。

根据不同的症状，选择适合你的一款中药面膜吧！

🌸 白芷白鲜面膜

取白芷50克、白鲜皮20克、硫黄粉10克，将白芷和白鲜皮洗净烘干研成细粉，将以上细粉与硫黄粉混合均匀，用凉水调成糊，睡前涂于脸部，翌晨洗去。此款面膜有活血祛风、解毒杀虫、清除油脂、治疗青春痘或酒渣鼻并发痤疮的功效。

🌸 鱼腥草面膜

取鲜鱼腥草30克，洗净后放入砂锅，加入600毫升清水，煮沸后，小火煮20分钟，取滤液当茶喝。同时取鱼腥草茎叶200克，榨取汁液涂脸，30分钟后用清水洗去。每天1或2次。鱼腥草有抗菌消炎、治疗青春痘的功效。

🌸 银耳祛斑面膜

取银耳、黄芪、白芷、茯苓、玉竹各5克，将上述药物研磨成粉，配5克面粉，加水调和成面膜，将其敷在脸上，30分钟后洗净。此款中药面膜中的茯苓不仅能去除面膜斑点，还能引导其他药物进入皮肤，治疗皮肤炎症。

🌸 芦荟面膜

取鲜芦荟100克、蜂蜜10克，将芦荟片放入锅中，加水500毫升煮沸后再小火煮15分钟，滤去芦荟渣，取滤液，加入蜂蜜即成。饮用同时，用鲜芦荟切片涂抹青春痘，每日1次。芦荟有抗菌、消炎和缓泻的作用，可以排毒养颜，对青春痘有较好的疗效。

🌸 绿豆祛斑面膜

取绿豆粉、白芷、珍珠粉、甘草各5克，将上述药材研磨成粉，加适量蜂蜜、牛奶、蛋白调和均匀，将其涂抹在脸上，待20分钟后洗净。此款面膜具有很好的消炎止痘作用，也能起到美白肌肤的效果。

🌸 珍珠粉祛皱面膜

取珍珠粉3克，蜂蜜5克，将二者调匀。待脸部清洁后，将其涂抹在脸上与颈部，20分钟后洗净，能有效改善面部的皱纹。也可在面膜中滴入1毫升芝麻油，涂抹于眼周，用于改善眼角细纹。

🌸 中药抗皱面膜

取当归、黄芪、白芷各5克，将上述药材全部研磨成粉，加入3克三七粉、3克蜂蜜，再加水调匀，待脸部清洁后，取面膜均匀涂抹在脸部与颈部，30分钟

后洗净。此款面膜特别适用于干性肌肤。

中药祛斑——还你洁净肌肤

中医认为，女性以血为本，血为气之母，气为血之帅；气为阳，血为阴，血无气则无以化，气无血则无以生。月经有规律、经量适中的女子，大多肌肤润泽，容貌娇艳，身体也格外健美。反之，月经周期紊乱，患有痛经等妇科病的女性，因遭受疾患的折磨，常常体弱多病，肌肤也变得粗糙，面色无华，缺乏青春健美的神韵和风采。因此，若想从根本上改善女性肤质，宜采用以下中药材，补肾益气，活血调经。

当归

当归被称为"妇科圣药"，有补血活血、调经止痛、润肠通便的功能，一般用于血虚萎黄、晕眩心悸、月经不调、闭经痛经、虚寒腹痛、肠燥便秘等病症，对于女性经、带、胎、产等各种病症都有很好的治疗效果。

丹参

丹参具有活血、凉血、祛瘀止痛、清心安神的作用，常常与川芎配伍来治疗症瘕痞块，以及月经不调、经闭经痛等症状。

红花

红花又名草红、刺红花、杜红花、金红花，具有活血通经、祛瘀止痛的作用，常用于治疗闭经、痛经、恶露不尽等症状。红花以浙江和河南出产的为好。

桃仁

桃仁具有破血行瘀、润燥滑肠的作用，同样常用于治疗闭经、痛经、症瘕痞块等症状。

牛膝

牛膝具有活血散瘀的功效，常用于治疗腰膝酸痛、下肢萎软、闭经痛经、产后血瘀腹痛、症瘕、咽喉肿痛等症状。

内外调理相结合，斑点去无踪！

造成皮肤长斑的原因有很多，其中内部原因有：压力过大、激素分泌失调、新陈代谢缓慢、错误使用化妆品等；外部原因有：遗传基因、紫外线的照射以及不良的清洁习惯等。因此，要针对不同的原因，选择适当的祛斑方法。

宣泄压力，做快乐无斑女人

当人受到压力时，就会分泌肾上腺素，以抵御压力的侵袭。一旦受到长期的压力困扰，人体新陈代谢的平衡就会遭到破坏，皮肤所需的营养供应趋于缓慢，色素母细胞就会变得很活跃，容易造成长斑现象。因此，无论什么时候，我们都要懂得宣泄压力，做一个快乐的女人，斑点才会远离你。

想脸上无斑，避免服用避孕药

很多的现代女性都有服用避孕药的习惯。殊不知避孕药除了能避孕，对身体无一好处，而且还会因为激素分泌失调而导致长斑。避孕药里所含的女性雌激素，会刺激麦拉宁细胞的分泌而形成不均匀的斑点，因避孕药而形成的斑点，虽然在服药中断后会停止生长，但仍会在皮肤上停留很长一段时间。因此，想要脸上无斑，就要尽量少服避孕药。

选择适合自己的化妆品，预防色素沉淀

现代女性把化妆品看得十分重要。没有漂亮的衣服、鞋子、包包都无所谓，如果没有化妆品，那可不行。但化妆品也要使用适当，适合自己的才是最好的。使用了不适合自己皮肤的化妆品，导致皮肤过敏，在治疗的过程中如过量照射到紫外线，皮肤会为了抵御外界的侵害，在有炎症的部位聚集麦拉宁色素，这样会出现色素沉着的问题。

对抗顽固紫外线，不要黯沉和斑点

另外，紫外线的强烈照射也是让皮肤长斑的重要因素。无论是春夏秋冬或者屋内屋外，对于紫外线这种东西，我们都不能忽视，做好足够的准备，才能对抗顽固的紫外线。

总的来说，要想"零"斑点，就必须要注意两点：一是要养成好的生活习惯，远离长斑误区；二是要注重饮食调理，重获洁净容颜。

祛斑消痘药膳

拥有光洁无瑕的肌肤是每个女人的梦想。脸上或多或少的色斑、痘痘确实是令人头痛的事，它们不但影响女人的容貌，有时候红肿的痘痘还让人疼痛难耐。这时候，吃一碗清热消痘的美味药膳就正合你意了。

夏枯草黄豆脊骨汤

◎ 配方 夏枯草20克，黄豆50克，猪脊骨700克，蜜枣5枚，姜5克，盐5克

◎ 制作 ①夏枯草洗净，浸泡30分钟；黄豆洗净，浸泡1小时。②猪脊骨斩件，洗净，飞水；蜜枣洗净；姜切片。③将1600毫升清水放入瓦煲内，煮沸后加入以上所有原材料，大火煲滚后，改用小火煲两小时，加盐调味即可。

◎ 功效 夏枯草能清热泻火、解疮毒、散结消肿；黄豆能消炎止痛，解毒排脓，排毒通便；蜜枣可滋阴润肤；三者合用，对粉刺、痤疮、疔疖、便秘、目赤疼痛等肝火旺盛者有较好的食疗作用。

玫瑰枸杞养颜羹

◎ 配方 玫瑰20克，醪糟1瓶，枸杞、杏脯、葡萄干各10克，玫瑰露酒50毫升，白糖10克，醋少许，淀粉20克

◎ 制作 ①玫瑰洗净切丝备用。②锅中加水烧开，放入玫瑰露酒、白糖、醋、醪糟、枸杞、杏脯、葡萄干煮开。③用淀粉勾芡，撒上玫瑰花丝即成。

◎ 功效 玫瑰能理气活血、疏肝解郁、润肤养颜，尤其对妇女经痛、月经不调、面生色斑有较好的功效；醪糟有活血化瘀、益气补血的功效；葡萄干富含维生素E和维生素C，能美白养颜、淡化色斑；三者配伍，效果尤佳。

苦瓜炖豆腐

◎**配方** 苦瓜250克，豆腐200克，食用油、盐、酱油、葱花、汤、香油各适量

◎**制作** ①苦瓜洗净，去子、切片，豆腐切块。②热油锅，将苦瓜片倒入锅内煸炒，加盐、酱油、葱花等，添汤。③放入豆腐一起炖熟，淋香油调味即可。

◎**功效** 苦瓜具有清热泻火、明目解毒、利尿凉血之功效，对痘痘、痱子均有疗效；豆腐有清热生津的功效，对改善上火、便秘引起的痘痘有很好的效果，还能改善皮肤干燥的症状；苦瓜与豆腐同食，对咽喉肿痛、痤疮疔疖均有疗效。

玫瑰醋

◎**配方** 醋300毫升，干玫瑰花40朵，桃子400克，冰糖适量

◎**制作** ①桃子去核，洗净。②把桃子、冰糖、玫瑰花放入罐中，倒入醋，没过食材后封罐。③发酵45~120天即可饮用。

◎**功效** 玫瑰醋可促进新陈代谢、帮助消化、调节生理功能、养颜美容、减少疲劳感，能使人肌肤红润、充满活力，有非常好的美容祛斑功效。桃子有滋阴润肤、活血化瘀的功效，富含多种有机酸和膳食纤维，能通便排毒，也有很好的美容祛斑效果。

祛斑消痘小贴士

做好面部清洁、去除油垢，保持毛囊皮脂腺导管的通畅，是处理青春痘的关键。同时应注意：每天用温水洗脸2或3次，不要用碱性较大的香皂和油性大的洗面奶，而应选择一些偏中性和酸性的洗面奶，有助于去除多余皮脂，有利于毛囊孔的排泄通畅和炎症消退。

塑形篇

本草纤体，
让女人有完美身材！

　　瘦身与美白一样，是女人永恒的追求，与其拿自己当小白鼠，尝试各种成分、药性都不明朗的减肥药，冒着失去健康与性命的危险，不如看看本草里有什么好法子。用本草来瘦身减肥，古已有之，它既无手术的风险，又没有药性不良反应之忧，且取材方便，取法自然，最重要的是，这种方法治标又治本，能够让你从内因上解决屡次瘦身都不成功的困扰，让你长久地将瘦身成果保持下去。

本草瘦脸，拥有人人都羡慕的"巴掌脸"！

瘦身不等于瘦脸，就算有人减肥成功，脸还是一样大，更何况不健康的瘦身方式，比如节食与过度依赖减肥药，就算短时间体重迅速下降，也会让身体状况变差，还会间接影响脸色，使眼角处出现小细纹，脸颊乱冒痘痘，不仅不会让你变漂亮，甚至会让你得不偿失。瘦脸必须要遵循一些健康的规则，保持良好的饮食与作息习惯，多吃高纤维的海藻类、豆腐、豆干及青菜、水果，都对瘦脸大有帮助。

本草内外瘦脸，让你惊羡旁人

瘦脸，除了要进行一系列脸部的强化运动，如咀嚼、按摩、运动等外，结合瘦脸食物和瘦脸面膜，会让瘦脸效果更加明显，下面就让我们来看一下有哪些瘦脸方法吧！

随着生活节奏的不断加快，现代人吃饭的速度也越来越快，大多数的食物都没嚼几口就进了肚子，"囫囵吞"成了现代人的典型饮食习惯。虽然"细嚼慢咽"就像"早睡早起"是大家从小就被教导的良好的健康习惯，但是也像"早睡早起"一样，长期被大家所忽视。"囫囵吞"式的饮食习惯不仅让食物难以消化，而且会让我们的咬肌得不到平衡的锻炼，造成大小脸、大饼脸的尴尬局面。因此，细嚼慢咽是爱美女人不得不学的一门必修课。

很多人都会忽略进食习惯对瘦脸的功效，其实在咀嚼食物时口腔内产生的唾液激素不仅能够帮助活化大脑，让大脑更加积极地指挥身体进行新陈代谢，而且通过多咀嚼纤维素含量高的食物，如芹菜、粗粮饼干，还能帮助缓解便秘，让身体变得轻盈。另外，也是重中之重的是，牙齿的动作还会使整个口腔的肌肉活动起来。反之，若你长久地使用不正确的咀嚼方式，不仅会让你的脸形变得不再匀称，还会让两颊特别突出，这样，即使吃得再少，脸也难瘦。

正确的咀嚼方法是：最好每一口食物都能在牙齿两侧各细嚼15下，而且要轻嚼慢咽，这样，不仅会让进入身体的食物能够更好地被消化，还能让脸形变得越来越标致、立体。

🎀 高钾食物是小脸女人的贴心宝贝

钾可以促进体内代谢功能，排除因为不当饮食的生活习惯所产生的脸部肿胀问题，常见的、必吃的高钾瘦脸食材大致有以下几种。

❀ 菠菜——最宜常吃的瘦脸食物

菠菜中含有丰富的钾及维生素A与维生素C，是最宜常吃的瘦脸食物，不过，烹饪菠菜时应特别注意，因为菠菜当中的钾元素很容易因烹饪不当而流失。

❀ 豆苗——强化咀嚼效果

豆苗中含有丰富的可帮助消除水肿的钾元素，而且豆苗也可强化咀嚼的效果，是兼具营养与促进口腔活动作用的优质食物。

❀ 胡萝卜——超强的瘦脸功效

胡萝卜具备超强的瘦脸功效，每天早上喝一杯现榨的蜂蜜胡萝卜汁，不仅可美容美颜，还能帮助瘦脸。

❀ 纳豆——含丰富钾元素

纳豆中含有丰富的钾元素，对瘦脸非常有帮助。纳豆是日本人最爱吃的食物之一。

❀ 小鱼干——美味、营养、瘦脸

柴鱼或是吻仔鱼等鱼干都是钾元素含量非常高的食物，且嚼劲十足，美味、营养与瘦脸功效兼得。

❀ 柿干——促进口腔活动

柿干可以当零食，又能拿来做烹饪食材，柿干软硬适中，又适口，又耐嚼，适当食用可促进口腔活动。

西芹——生熟皆可食

西芹具有很高的营养价值及促进口腔活动的功能，不论拿来作为食材，或是在夏天直接生吃，西芹都是十分可口又健康的食物。

本草瘦脸面膜，让你的脸一小再小

市面上美白、补水、消痘、祛皱的面膜十分常见，但是瘦脸面膜你有见过没？不要以为它是多神奇的东西，其实瘦脸面膜随处可见。我们平时吃的香蕉、豆腐、大蒜等，都可以做成面膜，而且瘦脸效果会让你惊叹不已！再花上十来分钟进行脸部按摩，效果更佳！

香蕉豆腐瘦脸面膜

取香蕉肉1/2根、豆腐1/4块，香蕉和豆腐捣碎拌匀，将其涂抹于脸上15分钟后用温水边按摩边清洗。此款面膜能调节皮肤代谢，消除水肿，可收到很好的瘦脸效果，另外，还能缓解眼部的浮肿。

大蒜绿豆瘦脸面膜

取1～2头大蒜，剥皮，放微波炉中小火加热2分钟以去味，再放入果汁机中加10毫升水搅碎，过滤，除去渣滓，将面膜布泡在大蒜汁液中。取一个小碗放入适量绿豆粉，再加入大蒜水混合调匀。将绿豆粉抹在面膜布上后再敷在脸上，待15分钟左右便可洗净。此款面膜不仅具有非凡的瘦脸功效，且这种面膜还具有很好的抗菌消炎的作用，能去除皮肤老化角质层，使肌肤恢复弹性。

神奇的瘦脸柠檬水

在1升水里加入半个柠檬的原汁，柠檬是维生素C含量较高的水果之一，柠檬水不仅能消除脂肪，对保持皮肤的张力与弹性都十分有帮助，坚持每天喝，就能轻松瘦脸。对于水肿型的人来说，应该每天喝至少3升的柠檬水。柠檬水能促进水在体内循环，加快新陈代谢，能够高效地改善浮肿。此外，如果搭配每天进行15分钟的运动，还能帮助有效排除体内的有害物质。

正确按摩与适量运动辅助塑小脸

❀ 按摩按出小脸蛋

每天花10分钟给脸部做做按摩对瘦脸来说也是一个相当不错的方法。在做按摩之前，挑选一种适合自己肤质、具有紧肤功效的精油，配合按摩，精油的作用可以得到充分的发挥。第一步先按摩脸颊，将适量的精油倒在手心上，两手轻贴增加精油的温度，并在脸上均匀分布。然后，用中间三根并拢的手指，沿下巴至太阳穴的路线，按摩8~10次。接下来要按摩鼻翼，同样用双手的食指和无名指，由内而外向斜上方打圈8~10次。最后一步是颈部按摩，用右手由左侧锁骨慢慢轻推至左下巴，左手同样，两边各做8~10次。此外，多吃瘦脸食品会让"瘦脸操"的效果更好，如食用具有收紧皮肤、增加皮肤弹性的鱼类和豆制品，以及冬瓜、西红柿、葡萄、西瓜等各种蔬果。

❀ 运动面部塑小脸

有很多女性朋友都为自己肉肉的脸部而苦恼，其实只要进行正确的面部运动，就能塑造出娇小可爱的脸形，面部运动的方法为：

①闭嘴面对镜子微笑，直到两腮的肌肉疲劳为止。这个动作能增强腮部肌肉的弹性，保持脸形。

②眼睛得越大越好，绷紧脸部所有肌肉，然后放松，重复4次。这个动作有利于保持脸部肌肉的弹性。

③皱起并抽动鼻子，不少于12次，这个动作能使鼻部血液畅流，保持鼻肌的韧性。将注意力集中于腮部，双唇略突，使两腮塌陷，重复几次这个动作能防止嘴角产生深皱纹。

④鼓起两腮默数到6，重复1次，这个动作能保证腮部不易变形。

⑤将注意力集中于腮部，双唇略突，使两腮塌陷，重复几次，这个动作能防止嘴角产生皱纹。

⑥用两手轻轻捏着左右脸颊，分别向斜上方拉，嘴巴尽量上下张开，口中发出"A"的声音，持续3秒。接着，尽量缩小嘴巴，发出"O"的声音，让嘴巴保持紧绷。持续发出"A""O"的声音，用力各持续3秒为1组，反复3~5组。

本草瘦脸药膳

每个女人都想拥有一张"巴掌脸"。要想达到这个目的，除了平时多做瘦脸操之外，食用具有瘦脸功效的药膳也是一个不错的选择，不仅能让你拥有"小脸蛋"，还能让你尽享美味，一举两得！

本草瘦脸药膳1 ○ 茯苓豆腐

◎配方 豆腐500克，茯苓30克，食用油、香菇、枸杞、精盐、料酒、淀粉各适量

◎制作 ①豆腐挤压出水，切成小方块，撒上精盐，香菇切成片。②然后将豆腐块、香菇片、茯苓下入高温油中炸至金黄色。③枸杞、精盐、料酒倒入锅内烧开，加淀粉勾成白汁芡，下入炸好的豆腐、茯苓、香菇片炒匀即成。

◎功效 茯苓可健脾益气、利水减肥，对脾胃气虚引起的虚胖、脸部浮肿均有疗效；豆腐能补脾益胃，利小便，解热毒；香菇可理气化痰、益胃和中、瘦脸减肥，对便秘、体虚、肥胖者均有食疗功效。

本草瘦脸药膳2 ○ 木瓜鲤鱼汤

◎配方 木瓜300克，鲤鱼500克，姜2片，怀山适量，盐5克，食用油适量

◎制作 ①木瓜去皮，去子，切成块状；怀山洗净，浸泡1小时。②鲤鱼收拾干净，炒锅下油，爆姜，将鲤鱼煎至两面金黄色。③将1800毫升清水倒入瓦煲内，煮沸后加入鲤鱼、木瓜、怀山，大火煲滚后，改用小火煲2小时，加盐调味即可。

◎功效 木瓜肉所含的果胶是优良的洗肠剂，能加速排出体内毒素，起到瘦脸美肤的功效。鲤鱼补脾健胃、利水消肿，能消除脸部的浮肿，减少皮下脂肪，使脸变瘦。

养肤瘦脸茶

◎**配方** 柿叶10克，薏米15克，紫草10克，白糖少许

◎**制作** ①将所有材料洗净。取一个陶瓷器皿，先放入薏米，加水煎煮20分钟，再下入柿叶、紫草续煮5分钟即可关火。②滤去渣，加入少许白糖，即可饮服。

◎**功效** 柿叶含有芦丁、胆碱、蛋白质、矿物质和丰富的维生素C，具有利尿通便、消肿、减肥和安神美容的功效；薏米可健脾利水、减肥消肿，对瘦脸美容有较好的效果；紫草可清热解毒、瘦脸减肥。

山楂苹果大米粥

◎**配方** 山楂干20克，苹果50克，大米100克，冰糖5克，葱花少许

◎**制作** ①大米淘洗干净，用清水浸泡；苹果洗净切小块；山楂干用温水稍泡后洗净。②锅置火上，放入大米，加适量清水煮至八成熟。③再放入苹果、山楂干煮至米烂，放入冰糖熬溶后调匀，撒上葱花即可。

◎**功效** 山楂所含的脂肪酶可促进脂肪分解，达到瘦脸减肥的效果；苹果富含膳食纤维和维生素C，能加速体内脂肪的代谢，排除体内毒素，达到美容减肥的效果。

这样瘦脸最有效

绿豆薏米粥也是一款很好的瘦脸食谱，中医认为，绿豆和薏米都有非常好的利尿、改善水肿的作用，薏米本身就具有美白的功效，可以预防脸上斑点的产生；绿豆则有清热解毒的功效，能排除体内毒素，此粥做法简单且营养美味。

本草丰胸，
"昂首挺胸"有诀窍!

　　现代女性最在意的就是身材，除了瘦身，就是丰胸了。现代市场上各种丰乳霜、丰胸术层出不穷，但"是药三分毒"，吃药、手术多少都有不良反应。想让自己变得丰满一点无可厚非，但一定要采取安全的方法，比如采取食补的方法。食补丰胸是安全有效的方法，《本草纲目》中就记载了很多具有丰胸效果的中药材。如葛根可"止渴、排毒、利大小便、丰胸、解酒、去烦恶"，其他还有如木瓜、燕窝、橙子、葡萄、核桃等都是极好的丰胸食材。需要提醒各位注意的是，不同年龄的人有不同的身体条件，只有选择不同的食疗方法，才能让丰胸效果变得更明显。

不同年龄段的丰胸食谱

青春期女性

　　为了促进青春期的乳房发育，避免乳房因营养不良而出现萎缩现象，这个年龄阶段的女性应多吃些促进体内激素分泌及富含维生素E的食物，如花菜、包菜、菜籽、豆类、葵花子、猪肝、牛乳、牛肉等，另外，鳄梨中丰富的不饱和脂肪酸及维生素A、维生素E、维生素C等不仅能促进乳房发育，还能防止乳房变形。此外，青春期应少吃油腻、煎炸、辛辣以及咖啡、酒等不利于身体发育的食物。

产后女性

　　产后女性的胸部问题是因雌性激素减少而引起的。女性怀孕时，随着体内激素的变化，胸部会因乳腺组织与脂肪的增长而急剧增大，待生产完成后，因为要哺育宝宝，会让新妈咪们体重减轻，造成脂肪流失，乳房缩水。再者，气血的亏损、营养补充的不及时，也会造成乳房的萎缩，让乳房变小。

有些胸部小的妈妈为了哺育的方便，会选择不穿乳罩，这样会导致胸部下垂的情况更加严重。要想及早地弥补产后乳房收缩和下垂的现象，妈妈们就得多从饮食上下功夫。建议产后女性平时多吃富含蛋白质与可刺激身体雌性激素分泌的食物，如鱼、肉、核桃仁、芝麻、大豆、葛根等具有丰胸效果的食物，另外，青木瓜、鳄梨等具有通乳功效的食物对胸部也能起到很好的作用。

❀ 更年期女性

随着更年期的到来，女性体内的雌性激素会全面减少，此时，出现的反应不仅是生理上的各种不适，在身体上，身材走样、乳房萎缩下垂、皮肤长斑等现象也会逐渐发生。女性雌性激素缺乏对胸部造成的直接影响就是让胸部变形，萎缩下垂。其实可以通过食疗和日常习惯来解决更年期的胸部问题。

一是要多吃燕窝、百合这些补气养血的食物，让气血丰盈，让身体得到调理。二是可以多尝试进食木瓜、葛根这些具有丰胸效果的食物。木瓜与葛根具有强大的丰胸功效，各年龄阶段女性都适合食用。

🍴 药膳丰胸让你拥有傲人双峰

女性丰胸的方法很多，日常饮食的调理尤为重要。以下推荐几种美味药膳，让你拥有傲然双峰！

❀ 莲子丰胸糕

取莲子100克，用温水浸泡后，去除莲心，加水煮烂后捣成泥状。再取粳米100克，加水煮烂后与莲子泥搅拌均匀，待冷却后，切成块状，依个人口味撒上白糖，即可食用。

❀ 猪尾莲子丰胸汤

取猪尾一条，清理干净，在滚水中去腥，再加入葱、姜、料酒各少许，熬成汤汁。再在汤中加入8枚红枣及莲子100克，用小火再煮半小时，依个人口味加入其他调料后即可食用。

本草丰胸药膳

女人们都想做公主，但是平坦的胸部却让女人不那么自信，如何拥有健康、丰满的胸部呢？真正健康实用而且永不过时的丰胸秘方就在这里——丰胸药膳。

丰胸猪蹄煲

◎ **配方** 猪蹄450克，花生米20克，红豆18克，红枣4枚，盐6克

◎ **制作** ①将猪蹄洗净、切块，花生米、红豆、红枣洗净浸泡备用。②净锅上火倒入水，下入猪蹄烧开，撇去浮沫，再下入花生米、红豆、红枣煲至成熟，调入盐即可。

◎ **功效** 花生含有维生素E和一定量的锌，能增强记忆、抗老化、滋润皮肤，此外，花生还能理气通乳，能起到一定的丰胸作用。

黄豆猪蹄汤

◎ **配方** 猪蹄300克，黄豆300克，葛根粉30克，葱1根，盐5克，料酒8毫升

◎ **制作** ①黄豆洗净，泡入水中涨至二三倍大；猪蹄洗净，斩块；葱切丝。②锅中注水适量，放入猪蹄氽烫，捞出沥水；黄豆放入锅中加水适量，大火煮开，再改小火慢煮约4小时，至豆熟。③加入猪蹄，再续煮约1小时，加入葛根粉，调入盐和料酒，撒上葱丝即可。

◎ **功效** 黄豆含丰富的铁，可防止缺铁性贫血，加上猪蹄和葛根粉，有很好的美容丰胸效果。

丰胸美颜汤

◎**配方** 阿胶9克，鸡蛋1只，盐4克

◎**制作** ①鸡蛋敲入碗内，搅匀。②阿胶加水，煮溶化。③倒入鸡蛋液，搅拌均匀，加盐调味服食。

◎**功效** 阿胶补血滋阴，是一种上等的补虚佳品，加上鸡蛋营养丰富、滋阴益气，可用于血虚所致的乳房发育不良，还能改善面色苍白、神疲乏力、月经不调等症状。

银耳木瓜鲫鱼汤

◎**配方** 银耳20克，木瓜400克，鲫鱼500克，蜜枣3枚，姜片、花生油、盐各适量

◎**制作** ①鲫鱼洗净；烧锅下花生油、姜片，将鲫鱼煎至两面金黄色。②银耳浸泡，去除根蒂硬结部分，撕成小朵，洗净；木瓜去皮切块；蜜枣洗净。③将1000毫升清水倒入瓦煲内，煮沸后加入所有原材料，大火煲20分钟，加盐调味即可。

◎**功效** 此品对气血亏虚导致乳房发育不良者有明显的改善作用。

牛奶炖木瓜

◎**配方** 牛奶200毫升，木瓜200克，冰糖少许

◎**制作** ①木瓜去皮，切块，洗净。②锅中下入牛奶、木瓜煲20分钟，再加入冰糖调味即可食用。

◎**功效** 牛奶炖木瓜是以牛奶和木瓜为主要食材的美容菜谱，口味香甜，具有抗衰美容、丰胸养颜、平肝和胃、舒筋活络的功效，是女性美容丰胸的圣品。

本草排毒，
清除毒素一身轻松

"排毒"是女人们常挂在嘴边的词，由此可见排毒对女人美容养颜具有多么重要的意义，只有及时排除体内的有害物质及过剩营养，保持五脏和体内的清洁，才能保持身体的健美和肌肤的美丽。我们知道，人体内大多数的毒素是从饮食中来的，因此最有效的排毒方法便是从日常饮食入手将毒素排出体外。当然，不是所有的食物都具有排毒的功效，像那些腌制、油炸食品不仅不具备排毒功效，还会增加体内的毒素，而天然食物则是排毒最好的选择。

《本草纲目》中记载红豆、菠萝、木瓜、梨都是不错的排毒食物。此外，宿便积留在身体内部，皆因肠道蠕动不够，因此宜多吃富含纤维的食物，如糙米及大部分的蔬菜水果，都能减少宿便，排出毒素。另外，吃东西时细嚼慢咽，口腔中能分泌较多的唾液，唾液能中和各种有毒物质，引起连锁反应，也是非常有利于排毒的饮食习惯。除了选对排毒食物及坚持好的饮食习惯，排毒最重要的是分清体质，弄清楚便秘的症状，只有对人对症，排毒才能真正落到实处。

花草茶——排毒塑身最便捷

我们的身体每天都会积攒很多的毒素和垃圾，如果不排毒，身体状况就会每况愈下。只有了解身体的需要，给予身体所需的照料，身体自然会对你的付出有所回应，呈现出你所希望的模样。花草茶不但好喝，而且不像浓茶那样会引起失眠等问题，是排毒最便捷、简单的方法。不同的花茶，其排毒功效又是各不相同的，下面就让我们看一下各种花草茶的奇特功效吧！

❀ 迷迭香菊茶

迷迭香、杭菊都具有调节身心、清热解毒、顺肝养肝、稳定情绪，改善胸闷气短、气急、疲劳不已等现象的功效。神经过敏、反应过度、容易忧心、多愁善感、生性悲观的人，饮此茶能平衡身心、畅达情志。

❀ 柠檬薰衣草茶

薰衣草是提神醒脑常用的花草，其挥发油成分能稳定中枢神经，具有解毒散热、消除紧张和压力、令人放松的功效。还具有使身心松弛、让身体获得充分休息、清新体气、芳香口齿、助入眠等功效。

❀ 茉莉绿茶

茉莉花芳香怡人，所含的花油、醇类，不但可以顺肝解郁、调节体气，还能活血解毒、调节激素分泌。

❀ 玫瑰菩提茶

菩提子具有排毒清肠、除烦解忧、宽心畅怀、镇痉止痛的功效。暴怒之后致肝胃气痛者，情绪起伏不平、压抑不畅、忧心忡忡者，都适合喝此茶解压。长期坚持喝此茶，能增强人的心理承受能力。

❀ 女贞子旱莲茶

旱莲草性凉味甘酸，能帮助排除体内毒素，可养阴补肾、凉血止血，适用于肝肾阴虚之眩晕，须发早白、吐血、尿血、便血等。

❀ 玫瑰花茶

玫瑰花味甘、微苦，性温，归肝、脾经。具有美容养颜、促进血液循环、活血美肌、暖胃养肝、预防便秘、降火气、收敛、调经的功效，对内分泌失调及腰酸背痛的妇女特别适合。

❀ 菊花决明子茶

决明子具有清肝益肾、祛风、润肠、通便之功效，可用于治疗目赤多泪、头风头痛、大便燥结等症。杭菊花具有疏风、清热明目、解毒之功效，可用于治疗头痛、眩晕、高血压、肿毒等症。

 # 细看水果排毒经

现代科学研究发现，水果内含有大量的膳食纤维，不但能起到促进肠蠕动、防止便秘的作用，而且有利于体内废物及毒素的排出。水果含有人体需要的多种维生素，特别是含有丰富的维生素C，所以多吃水果可增强人体的抵抗力、预防感冒及坏血病、促进外伤愈合，维持骨骼、肌肉和血管的正常功能，增加血管壁的弹性和抵抗力。常吃水果对高血压、冠心病的防治大有好处。水果最好生吃，这样维生素C不会遭到破坏。它在体内经酶作用生成的维生素A可增强对传染病的抵抗力，并可防治夜盲症、促进生长发育、维持上皮细胞组织的健康。因此，在众多食品当中，水果可称得上"排毒上品"。

樱桃

樱桃的含铁量很高，位于水果之首。樱桃可补充体内对铁元素的需求，促进血红蛋白再生。樱桃营养丰富，具有调中益气、健脾和胃、祛风除湿等功效，对食欲不振、消化不良、风湿骨痛等均有益处。经常食用樱桃可防治缺铁性贫血、增强体质、健脑益智、美颜驻容、去皱消斑。

桑葚

桑葚的营养丰富，含有维生素A、维生素C、维生素D及B族维生素和矿物质钙、磷、铁以及葡萄糖、果糖、柠檬酸、苹果酸、鞣酸、果胶、植物色素等营养物质。桑葚是滋阴养血、补肝益肾的佳果，也可助排出体内毒素。

草莓

草莓含有丰富的B族维生素、维生素C和铁、钙、磷等多种营养成分，是老少皆宜的上乘水果。草莓具有清肺化痰、补虚补血、健胃降脂、润肠通便等作用。草莓能增强人体抵抗力，并有解毒功效。

葡萄

葡萄所含的类黄酮是一种强力抗氧化剂，可抗衰老，并可清除体内自由基。葡萄能滋肝肾、生津液、强筋骨，有补益气血、通利小便、帮助排除体内毒素的作用。

赶走便秘，让你轻松无忧

便秘，无论在男女老少身上都可能发生。长期便秘会给人体带来十分大的危害，对于爱美女性更是如此。便秘不仅会带来身体上的不适，还会摧残女人的容颜。因此，只有赶走便秘，才能让女人恢复亮丽容颜。

便秘，是女人排毒养颜的最大敌人

便秘可发生在任何一个年龄段，它与我们的饮食不均衡、运动不足、压力过大、生活不规律等有着密切的关系。人每天吃的东西经胃肠消化，好的东西滋养全身，所剩的糟粕就由大肠传送而出。大便通畅，则体内的毒素能被大便通通带走，毒素便不会停留在身体内；若是大便不通畅，毒素排不出，便会被人体吸收，遍布全身，不仅会导致面色晦暗无光、皮肤粗糙、毛孔粗大、长痤疮，还可引起口臭、痛经、月经不调、肥胖、心情烦躁等，严重者甚至会发展为各种病症。可以说，宿便让女人一身都是毒，而便秘，更是女人排毒养颜的最大敌人。

饮食调理便秘，还需分类型

《黄帝内经》说"大肠者，传道之官，变化出焉"。正常情况下，人体内"阳平阴秘"则大肠的一切功能正常，而阴阳一旦失衡，大肠传输不利，就会出现便秘。按照这种失衡的具体情况，中医还将便秘分为实秘和虚秘两大类。其中实秘又可细分为热秘和气秘，虚秘可细分为气虚秘、血虚秘、阴虚秘、阳虚秘等。不同的便秘类型，在饮食上的调养方法也不一样。

①**热秘**：主要表现为大便干结、小便短赤、面红心烦或口干、口臭、腹满胀痛、舌红苔黄。有热病症状的人应该多吃清凉润滑的食物，如梨、黄瓜、苦瓜、萝卜、芹菜、莴苣等。

②**气秘**：表现为排便困难，腹部胀气甚至胀痛，这类人应多吃能行气、软坚、润肠的食物，如橘子、香蕉、海带、竹笋等。

③**气虚秘**：气虚秘的特点是虽有便意，但排便困难，使劲用力则汗出气短、便后疲乏；阳虚秘主要表现为大便干或不干，排出困难，腹中冷痛。这两类人宜多吃健脾、益气、润肠的食物，如山药、扁豆、无花果、核桃、芋头等。可以用胡萝卜、白术、红薯煮粥，此款粥膳既是香甜可口之饭食，又是益气润肠之佳品。

④**血虚秘**：血虚秘的特点是大便干燥，面色无华，心悸眩晕；阴虚秘表现为大便干结如羊屎状，形体消瘦，头晕耳鸣，心烦少眠，盗汗等症状。血虚、阴虚的患者宜用滋阴养血、润燥之物，如桑葚、蜂蜜、芝麻、花生等。

本草排毒药膳

在各种广告的催发下，排毒养颜成了一个流行的话题。爱美女性将各种排毒方法都用了个遍，但效果并不如预料中明显，甚至一些排毒保健品还有不良反应。其实，食疗排毒才是最回归自然的排毒养生法。

本草排毒药膳1

茯苓绿豆老鸭汤

◎**配方** 土茯苓50克，绿豆200克，陈皮3克，老鸭500克，盐少许

◎**制作** ①先将老鸭洗净，斩件，备用。②土茯苓、绿豆和陈皮用清水浸透，洗干净，备用。③瓦煲内加入适量清水，先用大火烧开，然后放入土茯苓、绿豆、陈皮和老鸭，待水再开，改用小火继续煲3小时左右，以少许盐调味即可。

◎**功效** 绿豆、土茯苓均有很好的清热解毒功效，能帮助排出体内毒素。

本草排毒药膳2

葛根荷叶田鸡汤

◎**配方** 田鸡250克，鲜葛根120克，荷叶15克，盐、味精各5克

◎**制作** ①将田鸡洗净，切小块；葛根去皮，洗净，切块；荷叶洗净切丝。②把全部用料一齐放入煲内，加清水适量，大火煮沸，小火煮1小时。③最后调味即可。

◎**功效** 本品清热解毒、止湿止泻，症见身热烦渴，小便不利，大便泄泻，泻下秽臭，肠鸣腹痛。

去湿解毒汤

◎ **配方** 扁豆50克，土茯苓50克，大黄瓜1条，陈皮10克，老姜3片，盐适量

◎ **制作** ①将所有食材清洗干净，大黄瓜去皮、切片备用。②将所有原材料加水，以大火煮滚后转小火煲约1小时，再加盐调味即可。

◎ **功效** 扁豆健脾和中，消暑化湿；土茯苓解毒、除湿、利关节；此汤具有清热去湿、排毒的功能。

绿豆茯苓薏米粥

◎ **配方** 绿豆200克，薏米200克，土茯苓15克，冰糖100克

◎ **制作** ①绿豆、薏米淘净，盛入锅中加6碗水。②土茯苓碎成小片，放入锅中，以大火煮开，转小火续煮30分钟。③加冰糖煮溶即可。

◎ **功效** 薏米、土茯苓是常用的清热利尿药；绿豆可清热解毒；此粥具有改善小便黄赤、涩痛的作用。

雪耳猪骨汤

◎ **配方** 猪脊骨750克，雪耳50克，青木瓜1个，红枣10枚，盐8克

◎ **制作** ①猪脊骨洗净，斩大件；青木瓜去皮、核，洗净，切角块。②雪耳用水浸开，洗净，摘小朵；红枣洗净。③把猪脊骨、青木瓜、红枣放入清水锅内，大火煮滚后，改小火煲1小时，放入雪耳，再煲1小时；最后加盐调味即可。

◎ **功效** 银耳既补脾开胃，又益气清肠，木瓜可利尿排毒、美容丰胸。

本草瘦身，
让女人拥有迷人曲线

很多人都会有这样的发现，25岁之前，只要稍稍节食再稍稍运动，身体就能轻易瘦下来，但这种情况在25岁之后变得越来越难，维持苗条身材的代价越来越高。现代医学研究证明，25岁之后，人体内的肌肉和脂肪的比例会逐渐发生变化，肌肉的比例逐渐下降，而脂肪的比例逐渐上升。当脂肪比例逐渐赶超肌肉比例，体重会逐渐增加。

中医认为肥胖的原因主要有以下四个：一是先天禀赋；二是嗜食肥甘厚味；三是久卧不动；四是脏腑失调。所以中医主张通过饮食、运动、中药健脾化痰、调肝补虚等方面调整人体脏腑、阴阳、气血平衡，来将人体内多余脂肪代谢掉，以达到减肥瘦身的目的。而具体落实到中药减肥上，则是通过使用有去湿利水、健脾、活血行气等功效的中药来调节脏腑及内分泌，让身体气血运行更加顺畅，并将体内多余的水分及积聚下来的代谢废物排出体外。不过，中药也是药，有利便有弊，选择时也需要慎重。

🎀 不反弹的减肥瘦身法

女人最关心的问题除了爱情，就是减肥了。说起减肥的方法，节食恐怕是最常见也是最常用的方法。长时间坚持节食，确实会让体重减轻，但是一旦恢复正常的饮食习惯，就会立刻反弹。此外，长期节食会使气血化生无源，会使人面容憔悴苍白、肤色萎黄少光泽、肌肉松弛，毛发失去光泽、早白，甚至脱落，整个人还会出现神疲体倦、肌体瘦弱如柴及过早衰老等。此外，在市场上形形色色的减肥产品也许会很吸引你的眼球，但那绝大多数会产生不良反应或者有反弹现象。

其实减肥可以很简单，而且对身体毫无损伤。影响减肥的最大问题就是"肝郁"和"脾虚"。肝郁使胆汁分泌不足，脾虚使胰腺功能减弱，而胆汁与胰腺正是消解人体多余脂肪的两位干将。只有将这两位干将的积极性调动起来，才能迅速解决肥胖的问题。肝郁的消解方法是：常揉肝经的太冲至行间。大腿赘肉过多的人，最好用拇指从肝经腿根部推到腋窝曲泉穴，这通常会是揉起来很痛的一条神经，但对治肝郁很有效。

脾虚可用食补，多吃些红枣、小米粥、山药之类的，不仅可以健脾，还可以补气血。当肝、脾都好了，肥胖问题就迎刃而解了。

花草减肥，让你拥有迷人曲线

花草可以单独冲饮或拿来混合饮用，亦可以根据不同的体质搭配出不同的花草茶瘦身方案，长期坚持喝花草茶会收到意想不到的减肥效果。

甘草茶

甘草茶可以抑制胆固醇，还能增强人体免疫力，抑制身体的炎症，但同时也会导致血压升高，所以高血压患者不宜选用。

薄荷茶

薄荷茶好处多多，不仅能清新口气，去除食物中的油腻，还能缓解糖尿病与肥胖症状。

茴香茶

茴香茶不仅可以利尿发汗，还能帮助清理皮下脂肪中的废物，防止肥胖发生。不过，需要注意的是，这里使用的茴香不是我们一般用作调料的茴香，而是多年生草本"香茴香"，用的是它的种子。

迷迭香茶

迷迭香茶功效多多，是一种味道极好的花草茶，它不仅能帮助促进血液循环，还能降低体内的胆固醇，抑制肥胖的发生。

🌸 百合花茶

百合花茶可以清理肠胃、帮助排毒、治疗便秘，如果与玫瑰、柠檬、马鞭草等搭配着一起冲泡，效果会更佳。

🌸 金盏花茶

金盏花茶不仅可以清爽提神、解热去火，还能帮助稳定情绪，经常熬夜的肥胖者最宜喝此款花草茶。

🌸 苦丁茶

苦丁茶味道虽苦，却具有清热解毒、去除油脂、帮助排便的功效，可谓良"茶"苦口利于身。

🌸 牡丹茶

牡丹是中国的国花，且可入药。牡丹茶可清热、凉血、活血、清瘀，经常上火的女性不妨来一杯。

🌸 桃花茶

桃花茶既能美容养颜，又能调节精血，还能减肥瘦身，是一款女性专属的减肥茶。

🌸 茉莉茶

茉莉茶不仅有改善睡眠、稳定情绪、改善焦虑的作用，还能对慢性胃病、月经失调等疾病起到一定作用，与玫瑰花搭配冲饮瘦身效果更棒。

🌸 马鞭草茶

马鞭草泡茶好处多多，不仅能强化肝脏功能、帮助消化、改善腹部胀气，还能安抚紧张的神经、治疗头痛，且瘦身功效也颇为显著，只是孕妇不宜喝。

🌸 决明子茶

用决明子泡的茶能帮助清理体内的宿便，还能促进肠胃的蠕动，让你内外畅通，一身轻松。

🎀 纤纤玉腿吃出来

对于女性来说，减肥主要是针对下半身，尤其是现在的上班族，上班时间几乎都是坐着，下半身的脂肪就渐渐地积累下来，臀部与大腿的情况最为严重。这时，除了要有适度的锻炼，在饮食上也要加以注意才能有效对抗"大象腿"！以下是一些可以起到瘦腿作用的食材，常食用这些食材，想拥有纤纤玉腿便不再是难事。

✿ 紫菜

紫菜除了含有丰富的维生素A、维生素B_1及维生素B_2，还蕴含丰富的纤维素及矿物质，可帮助排掉身体内之废物及积聚的水分，从而达到瘦腿之效。

✿ 菠菜

菠菜可促进血液循环，能让距心脏最远的一双腿也能吸收到足够的养分，加速新陈代谢，帮你快速瘦腿。

✿ 西瓜

西瓜是公认的水果中的利尿专家，吃西瓜能减少身体中多余的水分。

✿ 蛋

蛋中蕴含的B族维生素可以有效地去除身体下半身的肥肉。

✿ 苹果

苹果中独有的苹果酸能加速身体的代谢，帮助减少身体下半身的脂肪，而且苹果中丰富的钙质还能很好地帮助消除下半身的水肿。

✿ 香蕉

香蕉脂肪含量极低，而且钾元素也极为丰富，是充饥与减肥兼得的食物，多食香蕉可减少脂肪在下半身的堆积。

✿ 西红柿

多吃新鲜的西红柿不仅可以利尿，还能去除腿部的疲惫感，消除腿部水肿。

❀ 木瓜

除了能丰胸，木瓜中的蛋白分解的酵素还能清理因吃肉食而积聚在身体下半身的脂肪。木瓜中还含有优质的果胶，是非常好的清肠食物。

❀ 赤小豆

赤小豆中含有的独特石酸成分不仅可以促进肠道的蠕动，还有利尿以及清宿便的功效，能有效地清除下半身脂肪。

❀ 茅根

茅根含有大量的钾盐、葡萄糖、果糖、蔗糖等，茅根具有利尿作用，钾盐有促进新陈代谢的作用，可用于减肥。

❀ 西芹

西芹中既有大量优质的钙，又有丰富的钾，可减少身体下半身的水肿肥胖。

❀ 猕猴桃

猕猴桃中除了含有丰富的维生素C，其中的纤维素含量也十分可观，多食可以避免腿部积聚过多的脂肪。

❀ 芝麻

芝麻中丰富的"亚麻仁油酸"能帮助去除血管内的胆固醇，加速新陈代谢，也能帮助瘦腿。

❀ 魔芋

魔芋完全不含脂肪又美味，也是减肥必食之物，丰富的植物纤维更可以使下半身的淋巴畅通，防止腿部水肿。

❀ 西柚

西柚含热量极低，多吃也不会胖，它亦含丰富的钾，有助减少下半身的脂肪和水分积聚。

膳食瘦身之宜忌

❀ 宜平衡膳食

平衡膳食是指人们每天所吃的食物必须由多种食物组成，多种食物有五大类，每一类要达到一定的数量，才能满足人体各种营养需要，达到合理营养、促进健康的目的。第一类是谷类和薯类，第二类是动物性食物，第三类是豆类及其制品，第四类是蔬菜和水果，第五类为纯热能食物。各种食物所含营养成分不同，只有搭配着吃，才能保证各种营养素来源充足，否则，就会造成营养比例失调，使人体出现营养不良或肥胖症状。

❀ 宜巧妙搭配饮食减肥

女性朋友担心自己发胖，节食就成了最常见的行为。其实这种方法未必奏效，只有正确地饮食才能起到减肥的作用。用餐时，蛋、肉、豆、菜等要搭配好，科学合理的搭配能给人提供足够的热量，从而保证减肥的女性有足够的能量投入到工作和学习中去。饮食搭配也应以清淡为主，否则多余的热量在胰岛素的作用下大量合成脂肪，沉积在体内导致肥胖。

❀ 晚餐宜吃八成饱

俗话说"早餐吃好、中午吃饱、晚上吃少"，这并不是没有根据的，食物在人体内的代谢主要与胰岛素的分泌量有关。胰岛素可将葡萄糖转化为脂肪，但胰岛素的分泌是有规律的，一般来说早晨分泌得少，而晚间分泌得多。因此，同样的进食量，早晨吃就不易转化为脂肪，而夜间胰岛素分泌特别旺盛，被摄入的食物很容易转化为葡萄糖，随后转化成脂肪而引起肥胖。

❀ 忌采用断食法减肥

在各种减肥方法中，断食法是对身体损害最大的一种减肥法。断食法有很多种，有的是完完全全的断食，只喝水，几乎就是"绝食"；有的则在断食期间，喝一些特制的清汤、果汁、蜂蜜、糖水或调配的饮品等，依靠不断提供葡萄糖，使人体在断食期间不至于虚脱。但断食法却对健康十分不利，我们身体的各器官和组织必须进行新陈代谢以维持生命，实施断食后，终断了一切能量来源，很有可能使人罹患胃溃疡或十二指肠溃疡，而且在断食结束后再进食时体重很容易反弹。

本草瘦身药膳

　　减肥是女人一生的事业。每个女人都想拥有婀娜多姿、玲珑有致的好身材，除了可通过适量的运动瘦身外，饮食也很重要。药膳瘦身不仅可让你的肚子免受饥饿之苦，而且还营养丰富，可谓一举两得。

本草瘦身药膳1　　冬瓜瑶柱汤

◎ 配方　冬瓜200克，瑶柱20克，虾30克，草菇10克，姜10克，盐5克，味精3克，鸡精1克，高汤适量

◎ 制作　①冬瓜去皮，切成片；瑶柱泡发；草菇洗净，对切。②虾剥去壳，挑去泥肠洗净；姜去皮，切片。③锅上火，爆香姜片，倒入高汤、冬瓜、瑶柱、虾、草菇煮熟，加入调味料即可。

◎ 功效　冬瓜利水消痰、除烦止渴、去湿解暑；瑶柱滋阴、养血、补肾；此汤具有滋阴补血、利水去湿之功效。

本草瘦身药膳2　　茶鸡竹笋汤

◎ 配方　鸡腿2只，竹笋600克，乌龙茶叶15克，盐适量

◎ 制作　①鸡腿洗净剁块，竹笋洗净切块。②将鸡腿块下入沸水中汆烫后，捞出。③鸡腿、乌龙茶叶、竹笋和水装入炖锅以小火隔水炖2小时，最后加盐调味即可。

◎ 功效　竹笋含脂肪、淀粉很少，属天然低脂、低热量食品，是肥胖者减肥的佳品。

薏苡仁煮土豆

◎ **配方** 薏苡仁50克，土豆200克，料酒10毫升，荷叶20克，姜5克，葱10克，盐3克，味精2克，芝麻油15毫升

◎ **制作** ①将薏苡仁洗净，去杂质；土豆去皮，洗净，切3厘米见方的块；姜拍松，葱切段。②将薏苡仁、土豆、荷叶、姜、葱、料酒同放炖锅内，加水，置大火上烧沸。③转小火炖煮35分钟，加入盐、味精、芝麻油即成。

◎ **功效** 土豆中含有丰富的膳食纤维，多食不仅不会长胖，还是减肥者充饥的佳品。

鱼头煮冬瓜

◎ **配方** 鱼头1个，冬瓜100克，茯苓25克，盐3克，味精5克，葱5克，香菜6克

◎ **制作** ①将鱼头洗净，去鳃；冬瓜去皮、去瓤，切成块。②把锅放在小火上，放入鱼头、冬瓜、茯苓、葱，加水煮沸。③待鱼头熟透，加盐、味精、香菜调味即成。

◎ **功效** 茯苓能利水渗湿、健脾、安神；冬瓜可利水消痰、除烦止渴、去湿解暑；同食可起到减肥瘦身效果。

山楂荷叶泽泻茶

◎ **配方** 山楂10克，荷叶5克，泽泻10克，冰糖10克

◎ **制作** ①山楂、泽泻冲洗干净。②荷叶剪成小片，冲净。③将山楂、泽泻、荷叶盛入锅中，加500毫升水以大火煮开，转小火续煮20分钟，加入冰糖，煮至溶化即成。

◎ **功效** 此茶可以降低体内脂肪、健脾、降血压、清心神，可以预防肥胖、高血压、动脉硬化等症。

本草去除盆腔炎，还女人美丽自信

女性内生殖器（包括子宫、输卵管、卵巢）及其周围的结缔组织、盆腔腹膜发生炎症时，统称为盆腔炎。盆腔炎极大地危害着女性的健康，除了进行药物治疗以及注意日常事宜外，饮食也须谨慎。

盆腔炎的发生原因及其症状

盆腔炎的炎症可局限于一个部位，也可能几个部位同时发生，通常分为急性和慢性两种类型。

急性盆腔炎是由于分娩、流产或宫腔内手术消毒不彻底，以及在月经期不注意外阴部卫生或进行性生活所引起的。其症状主要有高热、头痛、食欲不振、下腹部疼痛和白带增多，有时可伴有恶心、呕吐等现象。若急性盆腔炎没有得到彻底治愈，就会转化为慢性盆腔炎。按其炎症感染部位可分为慢性输卵管炎与输卵管积水、慢性附件炎、输卵管卵巢囊肿、慢性盆腔结缔组织炎等。其全身症状不明显，有时低热，易感疲劳。由于慢性炎症形成盆腔局部瘢痕粘连及局部充血，可引起下腹部坠胀、疼痛及腰骶部酸痛，会在劳累、经期及性交时加剧。有的患者会出现经血增多、月经失调、白带增多、低热、周身不适、失眠等症状，当发生输卵管粘连时会导致不孕症。

如何预防盆腔炎呢？

①杜绝各种感染途径，保持会阴部清洁、干燥，每晚用清水清洗外阴，做到专人专盆。患盆腔炎时白带量多，质黏稠，所以要勤换内裤，不穿紧身、化纤的内裤。

②月经期、人流术后及取节育环等妇科手术后，阴道有流血时，一定要禁止性生活，禁止游泳、盆浴、洗桑拿浴。

③要注意观察白带的量、质、色、味。白带量多、色黄稠、有臭味者，说明病情较重，如白带由黄转白，量由多变少，气味趋于正常，说明病情有所好转。

中医治疗盆腔炎

中医认为急性盆腔炎多因经期、产后、手术损伤，湿热或邪毒内侵，与血相博，客于胞宫所致，所以治疗多以清热解毒、利湿化脓为主。慢性盆腔炎多因经行产后，风寒湿热之邪或虫毒乘虚而入，与冲任气血相博，蕴积于胞宫，反复进退，耗伤气血，缠绵难愈。所以治疗当以化瘀止痛为主，佐以清热利湿、祛寒除湿、益气健脾。盆腔炎患者要注意饮食调护，发热期间宜食清淡易消化的食物；高热伤津的患者可食用有清热作用的寒凉性食物，但不可冰镇。带下黄赤、质稠量多、有臭味者属湿热证，应忌食辛辣刺激性、煎烤类食物。小腹冷痛的患者属寒凝气滞型，可食用姜汤、红糖水、桂圆等温热性食物。

❀ 盆腔炎常用中药、食材

以下推荐几种盆腔炎患者适用的药材和食材。

①**马齿苋**：马齿苋具有清热解毒、燥湿止痒、消肿止痛的功效，对湿热下注引起的急性盆腔炎、外阴瘙痒、白带异常等症均有很好的疗效。

②**白茅根**：具有凉血止血、清热生津、利尿通淋的功效，对湿热下注引起的急性盆腔炎，症见赤白带下、口干咽燥、舌红苔黄等均有疗效。

③**丹参**：丹参具有活血祛瘀、安神宁心、排脓止痛的功效。主要用于治疗血瘀型慢性盆腔炎，可缓解腹部隐痛或刺痛，月经量多，白带量多等症状，此外还可治疗心绞痛、月经不调等病症。

④**红花**：红花具有活血通经、祛瘀止痛的功效。主治闭经、慢性盆腔炎、难产、死胎、产后恶露不尽、瘀血作痛、痈肿、跌扑损伤等症。

⑤**丁香**：芳辣温散，具有温里散寒、行气止痛的功效。主要用于治疗气滞血瘀或寒凝血瘀引起的盆腔炎症，症见小腹冷痛或胀痛、下腹按之有结块、经前乳房胀痛等病症。

⑥**生地**：生地黄清热凉血、养阴生津，对血热瘀结型盆腔炎有一定疗效，还可用于热病烦渴、发斑发疹、阴虚内热、血热出血症等。

⑦**黄芩**：黄芩有泻火燥湿、解毒杀虫的功效，对湿热瘀结所引起的急性盆腔炎有较好的疗效，可配合活血药同用。

⑧**白酒**：少量白酒有一定的活血化瘀作用，对盆腔炎引起的血瘀腹痛有一定的辅助治疗作用。

⑨**薏苡仁**：薏苡仁药食两宜，具有健脾、补肺、清热、利湿的功效。主要用于湿热下注引起的急性盆腔炎，症见小腹疼痛，白带绵绵、色黄质稠等症，其还可治疗湿痹、筋脉拘挛、屈伸不利、水肿、肺脓肿、肠炎等病症。

⑩**益母草**：益母草性微寒，具有活血调经、利尿消肿的功效。用于月经不调，痛经，经闭，恶露不尽，水肿尿少，急性肾炎水肿。对于女性由湿热引起的月经不调、盆腔炎症等有一定疗效。

盆腔炎调理药膳

盆腔炎的治疗主要以清热解毒、利湿化脓为主，因此，盆腔炎患者不妨选择一些具有清热、化湿作用的药材和食材做成药膳来进行内部调理，它们不仅营养丰富，还能让你轻松摆脱盆腔炎！

盆腔炎调理药膳1

冬瓜薏米煲洋鸭

◎**配方** 冬瓜200克，鸭1只，桃仁15克，丹参10克，姜10克，玉米20克，红枣、薏米各少许，食用油、盐、鸡精、胡椒粉、香油各适量

◎**制作** ①冬瓜洗净，切块，鸭净毛去内脏，剁件，姜去皮，切片，玉米泡发，洗净备用；丹参、桃仁洗净。②锅上火，油烧热，爆香一半姜片，加入适量清水，水沸后，下入鸭余烫，去血水。③将余烫后的鸭转入砂钵中，放入剩余姜片、红枣、薏米烧开后，用小火煲约60分钟后放入冬瓜、桃仁、丹参、玉米，煲至冬瓜熟软，调入调味料拌匀即可食用。

◎**功效** 本品具有清热解毒、活血化瘀的功效。

盆腔炎调理药膳2

薏米黄芩酒

◎**配方** 薏米50克，牛膝、生地各30克，黄芩、当归、川芎、吴茱萸各20克，枳壳15克，白酒2.5升

◎**制作** ①将以上药材共捣粗末，装入纱布袋，扎紧。②置于净器中，入白酒浸泡，封口，置阴凉干燥处，7日后开取，过滤去渣备用。③一日两次，一次30毫升，饭前服用。

◎**功效** 薏米、黄芩、生地、牛膝均有泻火解毒的功效，可改善白带异常、色黄臭秽的症状；当归、川芎、白酒可活血化瘀、行气散结；吴茱萸行气止痛，可改善盆腔炎患者小腹隐隐作痛的症状，枳壳行气散结、除胀，可治疗小腹内有结块。

丹参红花陈皮饮

◎ **配方** 丹参10克，红花5克，陈皮5克

◎ **制作** ①丹参、红花、陈皮洗净备用。②先将丹参、陈皮放入锅中，加水适量，大火煮开，转小火煮5分钟即可关火。③再放入红花，加盖闷5分钟，倒入杯内，代茶饮用。

◎ **功效** 丹参具有活血祛瘀、安神宁心、排脓止痛的功效；红花可活血通经、祛瘀止痛；陈皮可行气散结；三者配伍同用，可治疗气滞血瘀型慢性盆腔炎，症见腹部胀痛或刺痛，腹内有包块，胸胁胀痛，月经不调，白带量多等症状。

三香饮

◎ **配方** 丁香、木香各10克，茴香适量

◎ **制作** ①将丁香、木香洗净，放入锅中，加水600毫升，置于火上，大火煮开后转小火续煮5分钟。②放入茴香，再煮3分钟即可关火。③滤去药渣，做茶饮。

◎ **功效** 丁香具有温里散寒、行气止痛的功效，木香也有行气止痛的作用，而茴香则可温胃散寒。三者合用，可用来治疗气滞血瘀或寒凝血瘀引起的盆腔炎症，症见小腹冷痛或胀痛、下腹按之有结块、经前乳房胀痛、胸胁满闷或伴有食后腹胀等病症。

盆腔炎患者日常保健

有些患者因患有慢性盆腔炎，稍感不适就自服抗生素，长期服用可以出现阴道内菌群紊乱，而引起阴道分泌物增多，呈白色豆渣样白带，此时，应到医院就诊，排除念珠菌性阴道炎。

# 吃"跑"乳腺增生，还你健康乳房

乳腺增生是一种乳腺组织既非炎症也非肿瘤的异常增生性疾病，其本质是生理增生与复旧不全造成的乳腺正常结构的紊乱。乳腺增生是女性常见的多发病之一。有很多药材食材都对乳腺增生有很好的食疗作用，因此，女性可通过药膳调理来吃"跑"乳腺增生！

乳腺增生发生原因及其症状

乳腺增生好发于25~45岁女性，发病原因多与内分泌失调和精神因素有关，绝经期后的妇女患病率较低。

乳腺增生主要表现为乳管及腺泡上皮增生，单侧或双侧乳房胀痛或触痛，也可有刺痛或牵拉痛，疼痛常在月经前加剧，经后疼痛减轻，常伴情绪波动而变化。乳房出现肿块，大小不等，形态不一，月经前期肿块增大，质地较硬，月经后肿块缩小，质韧而不硬，活动度较好。乳痛主要以乳房肿块处为甚，常涉及胸胁部或肩背部。有时可有乳头溢液，呈黄绿色、棕色或血色，偶尔会出现无色浆液。

中医"说"乳腺增生

乳腺增生属于中医的"乳癖"范畴，其病因病机为精神情志刺激，急躁恼怒或日久抑郁，导致肝气郁结，气机阻滞，蕴结于乳房脉络，导致乳络不通，气滞痰凝血瘀而成。

乳腺增生分为肝郁痰凝和冲任失调两个证型，肝郁痰凝者，以疏肝解郁、化痰散结为主，常用的代表方为逍遥蒌贝散。冲任失调者以调理冲任为主，常用方为二仙汤合四物汤加减。肿块局部可予阳和解凝膏合黑退消或桂麝散盖贴，还可用大黄粉和醋调以外敷。部分患者发病后1~2年内常可自行缓解，不需要治疗。如果症状较明显者，病变范围较为广泛，可用胸罩托起乳房，并服用相应的中药治疗，或用5％碘化钾，均可使症状得以缓解。如果治疗效果不明显，且患者年龄在40岁以上，病变范围没有扩大时，应考虑手术切除。

乳腺增生日常饮食宜忌

乳腺增生患者要注意日常饮食。多进食富含纤维素的食物，如谷类、豆类的皮，以及各种蔬菜等。由于膳食纤维可以促使脂肪吸收减少，脂肪合成

受到抑制，就会使激素水平下降，从而有利于乳腺增生疾病的恢复。宜多食含碘的食物，如海藻、海带、干贝、海参等。碘可以刺激垂体前叶分泌黄体生成素，促进卵巢滤泡黄体化，从而使雌激素水平降低，恢复卵巢正常的功能，纠正内分泌失调，消除乳腺增生的隐患。宜低脂、低糖饮食，少食肥肉、甜食等。忌食辛辣刺激性食物。

🌸 乳腺增生常用的药材、食材

以下推荐几种乳腺增生患者适用的药材和食材。

①**青皮：**青皮具有疏肝破气、散结消痰的功效。主治胸胁胃脘疼痛、疝气、食积、乳肿（乳腺炎）、乳癖（乳腺增生）、乳核（乳腺纤维瘤）等症。

②**香附：**香附气香行散，具有理气解郁、行气活血的功效，主治肝郁气滞、胸胁痞满、脘腹胀痛、疝气疼痛、月经不调、经行腹痛、闭经、崩漏带下等病症。

③**佛手：**佛手芳香行散，具有疏肝理气、和中止痛、化痰止咳的功效，主要用于治疗肝郁气滞、胸闷胁痛、乳房胀痛或刺痛、肝胃不和、脘痛胀痛、嗳气呕吐、泻痢后重、咳嗽痰多等病症。

④**元胡：**元胡名为延胡索，具有活血散瘀、行气止痛的功效，主要用于治疗胸痹心痛，胁肋、脘腹诸痛，头痛、腰痛、疝气痛、痛经、经闭、产后瘀腹痛，跌打损伤等病症。

⑤**薤白：**薤白具有通阳散结、行气导滞的功效，主治胸痹心痛彻背、胸脘痞闷、咳喘痰多、脘腹疼痛、泻痢后重、白带、疮疖痛肿等病症。薤白是治疗胸痹的常用药。

⑥**柴胡：**柴胡具有疏肝解郁、升阳举陷的功效，主治乳房胀痛、胸满胁痛、口苦耳聋、头痛目眩、疟疾、下利脱肛、月经不调、子宫下垂等病症。

⑦**海带：**海带能软坚散结、清热化痰，可防治夜盲症、维持甲状腺正常功能，对乳腺增生有一定的食疗作用。

想要摆脱乳腺增生，必须要配合药膳的内部调理，遵循疏肝理气、调畅气机、活血化瘀、疏通乳络、化痰软坚、消肿散结的治疗原则，才能真正远离乳腺增生。

乳腺增生调理药膳

中医认为，乳腺增生的发病原因多与脏腑功能失调、气血失和有关，因此想要摆脱乳腺增生，必须还要配合药膳的内部调理，做到外治内调，这样才能真正远离乳腺增生！

乳腺增生调理药膳1

佛手元胡猪肝汤

◎ **配方** 佛手10克，元胡10克，制香附8克，猪肝100克，盐、姜丝、葱花各适量

◎ **制作** ①将佛手、元胡、制香附洗净，备用。②放佛手、元胡、制香附入锅内，加适量水煮沸，再用小火煮15分钟左右。③加入已洗净切好的猪肝片，放适量盐、姜丝、葱花，熟后即可食用。

◎ **功效** 元胡、佛手、制香附均有行气止痛、活血化瘀、宽胸散结的功效；猪肝可养肝补血；四者合用，可辅助治疗肝气郁结、气滞血瘀型乳腺增生。此汤还能补血调经，对月经不调的患者也有益处。

乳腺增生调理药膳2

佛手黄精炖乳鸽

◎ **配方** 乳鸽1只，佛手10克，黄精15克，枸杞少许，盐、葱各3克，姜片5克，天麻适量

◎ **制作** ①乳鸽收拾干净；天麻、黄精洗净稍泡；枸杞洗净泡发；葱洗净切段。②热锅注水烧沸，下乳鸽滚尽血渍，捞起。③炖盅注入水，放入姜片、佛手天麻、黄精、枸杞、乳鸽，大火煲沸后改为小火煲3小时，放入葱段，加盐调味即可。

◎ **功效** 佛手有理气散结、疏肝健脾、活血化瘀等多种药用功能，乳鸽可益气补虚、疏肝解郁；黄精可滋补肝肾，三者合用，对胸胁胀痛或刺痛、经前乳房胀痛均有疗效。

山楂茉莉高粱粥

◎**配方** 茉莉花适量，高粱米70克，红枣20克，山楂10克，白糖适量

◎**制作** ①高粱米泡发洗净；红枣洗净切片；茉莉花洗净；山楂洗净。②锅置于火上，倒入清水，放入红枣、高粱米煮至高粱米熟透。③加入山楂、茉莉花同煮至粥成浓稠状，调入白糖拌匀即可。

◎**功效** 茉莉花可疏肝解郁、调畅情绪，对乳腺增生患者有一定的辅助治疗效果；山楂可活血化瘀、行气止痛；红枣可补益气血；高粱米富含纤维素，可以促使脂肪吸收减少，使激素水平下降，从而有利于乳腺增生疾病的恢复。

青皮炒兔肉

◎**配方** 青皮12克，生姜9克，兔肉150克，食用油、料酒、盐、花椒、葱段、姜末、酱油各适量

◎**制作** ①青皮用温水泡后切小块。②兔肉洗净，切丁，用盐、姜末、葱段、料酒、酱油等稍腌渍。③锅中放油，将兔肉翻炒至肉色发白，然后放入青皮、花椒、生姜、葱段等继续翻炒；待兔肉丁熟时，加酱油，炒至收干水分即成。

◎**功效** 青皮可理气散结、行气止痛，对乳房有结节、胸胁刺痛、经前乳房胀痛明显的乳腺增生患者有很好的治疗效果；兔肉可疏肝解郁、清热解毒、益气补虚，对乳腺增生、乳房疼痛有烧灼感的患者效果较佳。

乳腺增生面面观

　　有研究显示，肥胖对机体免疫系统有深层次的影响，肥胖者面临疾病的危险远远高于普通人。因此要多运动，防止肥胖，提高免疫力。此外，要禁止滥用避孕药及含雌激素的美容用品、不吃用雌激素类药物喂养的家禽肉。这些都能减少乳腺疾病的发生。

 **本草调养，乳腺癌不再是噩梦**

乳腺癌是导管上皮细胞在各种内外致癌因素的作用下，细胞失去正常特性而异常增生，以致超过自我修复的限度而发生癌变的疾病。患了乳腺癌，要有乐观的心态，勇敢对抗乳腺癌，利用本草进行调养，乳腺癌不再是噩梦！

乳腺癌有何症状？

临床上以乳腺肿块为主要表现。乳腺癌是女性最常见的恶性肿瘤之一，发病率高，颇具侵袭性，但病程进展较缓慢。

乳腺癌症状有3大特征：

①**无痛性肿块**。绝大多数乳腺癌患者是因发现乳房肿块后才去就诊，乳腺癌的肿块常发生在乳房的外上方近腋窝处。肿块大小不一，多为不规则形状，质地较硬，边缘不清，固定不移。

②**乳头溢乳**。少数患者，尤其是年龄在40岁以上的患者，会出现乳头血性或水样的溢液，且伴有乳房肿块。

③**皮肤出现褶皱**。早期乳腺癌患者皮肤会出现凹陷，呈现"酒窝征"，中晚期皮肤会出现溃烂、红肿、水肿及"橘皮样病变"。炎性乳腺癌可出现局部皮肤红、肿、热、痛的症状，还会有脱屑、糜烂、回缩等。

乳腺癌易患人群

①研究表明，有家族史者的乳腺癌发病率要高于无家族史者，尤其是双侧乳腺癌患者和发病年龄较小的患者的后代，发生乳腺癌的危险性更大。内分泌失调也是乳腺癌的发病因素之一，如果乳房长期受内分泌激素的异常刺激，就会导致乳腺组织癌变，其中雌激素和黄体素与乳腺癌恶变关系密切。

②摄入脂肪过高者，乳腺癌的发病率也较高。因为脂肪可以强化雌激素E1的转化过程，增加雌激素对乳腺细胞的刺激。此外，有报道称，饮酒可增加绝经期女性，或是曾经使用过雌激素的女性患乳腺癌的风险。

③资料证明，接触电离辐射可增加肿瘤的发病率，乳腺暴露在射线下的女性发生乳腺癌的概率较高。

④免疫能力低下者，或乳房受过外伤刺激者，均易发乳腺癌。

🌸 乳腺癌注意事项

①要保持良好的心态。面对病情，乳腺癌患者应坚定抗癌信心、保持积极且乐观的情绪，而且，乳腺癌的治疗中根治性手术和放疗、化疗的进行会给患者带来一定程度的身体损伤，以至可能出现身体素质和工作能力的减弱。对此，患者更应该有足够的心理准备来面对这些困难，或者可以通过参加各种社会活动、与亲友沟通等方式，来增强自我抗击病魔的信心。

②要对乳房进行适当的护理，提倡母乳哺养，断奶要缓慢进行，哺乳可起到一定的保护乳房的作用。用合适的胸罩能改善乳房的血液和淋巴循环。及时治疗乳腺良性疾病，如乳腺增生、乳腺炎等，可有效预防乳腺癌。

③保护术后患肢。乳腺癌手术后，患者会出现侧肢肿胀等身体反应。针对这种情况，患者要注意避免使用患肢提取重物，体检时也不要用患肢进行血压的测量，更不要在患肢上进行输液。另外，患者可通过侧肢上举等功能锻炼进行肢体的恢复。

④可适度进行性生活。适度的性生活，不仅不会加重病情，反而能够增加患者对生活的信心，同时也有利于患者的恢复。但是，乳腺癌患者在进行性生活时，应注意以适度为原则，而且要做好安全的避孕措施。若不慎怀孕，对于乳腺肿瘤也是一种不良刺激。

⑤对于使用雌激素替代疗法的女性，要定期进行乳房检查，在使用量上应低剂量、短疗程。另外，这类女性还要做到定期检查，做到早发现、早治疗。

🌸 乳腺癌患者饮食必知

乳腺癌患者平时要注意饮食健康，饮食宜多样化，避免食用油腻食物，应增加一些开胃食品，如山楂糕等，以增进食欲。宜多吃具有抗癌作用的食物，如菌类食物、海藻类、绿叶蔬菜和浆果类水果等均有一定的抗癌作用。宜选择植物油，由于花生油、玉米油、菜籽油和豆油都含有大量的不饱和脂肪酸，可保护绝经期女性免受乳腺癌的侵袭，所以平时应有意识地摄入一些植物油。

乳腺癌患者应少食肉类，摄入过多的肉类会导致胆固醇过高而刺激人体分泌更多的雌性激素，从而形成乳房肿块。还应少食盐，盐和其他含钠元素高的食物会让女性体内保持更多的体液，增加乳房的不适。忌食辛辣刺激性食物，如辣椒、芥末、桂皮等；忌食油炸、霉变、腌制食品；忌烟、酒、咖啡。

乳腺癌调理药膳

所谓"三分治七分养"，除了要通过对症的药物治疗与手术治疗外，患者后续的保养也尤为重要。这里的"养"为食疗调理。可以选用适当的药食材做成各种美味的药膳，既可让你尽快远离乳腺癌，又能品尝到佳肴美味！

乳腺癌调理药膳1 佛手瓜老鸭汤

◎ **配方** 老鸭250克，佛手瓜100克，生地、丹皮各10克，枸杞10克，盐5克，鸡精3克

◎ **制作** ①老鸭收拾干净，切件，氽水；佛手瓜洗净，切片；枸杞洗净，浸泡；生地、丹皮煎汁去渣备用。②锅中放入老鸭肉、佛手瓜、枸杞，加入适量清水，小火慢炖。③至香味四溢时，倒入药汁，调入盐和鸡精，稍炖，出锅即可。

◎ **功效** 佛手瓜具有疏肝理气、活血化瘀、和中止痛的功效；老鸭可益气补虚、清热凉血；生地、丹皮清热凉血、敛疮生肌；枸杞能滋补肝肾、防癌抗癌；三者合用，对辅助治疗乳腺癌有一定的作用。

乳腺癌调理药膳2 雪莲银花煲瘦肉

◎ **配方** 瘦肉300克，天山雪莲、金银花各10克，干贝、山药各适量，盐5克，鸡精4克

◎ **制作** ①瘦肉洗净，切件；天山雪莲、金银花、干贝洗净；山药洗净，去皮，切件。②将瘦肉放入沸水过水，取出洗净。③将瘦肉、天山雪莲、金银花、干贝、山药放入锅中，加入清水用小火炖两小时，放入盐和鸡精即可。

◎ **功效** 金银花具有清热解毒的功效，可用于治疗炎性乳腺癌，对中晚期皮肤出现溃烂、红肿、水肿等有一定的缓解作用；干贝能滋阴散结；山药益气补虚；雪莲可清热解毒、补虚抗癌。

土茯苓鳝鱼汤

◎ **配方** 鳝鱼、蘑菇各100克，当归8克，土茯苓、赤芍各10克，盐5克，米酒10毫升

◎ **制作** ①将鳝鱼洗净，切小段；蘑菇洗净，撕成小朵；当归、土茯苓、赤芍洗净备用。②将当归、土茯苓、赤芍先放入锅中，以大火煮沸后转小火续煮20分钟。③再下入鳝鱼煮5分钟，最后下入蘑菇炖煮3分钟，加盐、米酒调味即可。

◎ **功效** 土茯苓具有除湿解毒、消肿敛疮的功效；赤芍清热凉血、散瘀止痛；当归活血化瘀；蘑菇可益气补虚、防癌抗癌；鳝鱼通络散结；以上几味搭配同食，可辅助治疗乳腺癌。

甲鱼红枣粥

◎ **配方** 大米100克，甲鱼肉300克，玄参10克，红枣10克，食用油、盐、鸡精、鲜汤、料酒、葱花、味精、姜末、胡椒粉各适量

◎ **制作** ①大米淘净，甲鱼肉收拾干净，剁小块；玄参、红枣洗净。②油锅烧热，入甲鱼肉翻炒，调入料酒，加盐炒熟后盛出。③锅置火上，注入清水，兑入鲜汤，放入大米煮至五成熟；放入甲鱼肉、玄参、红枣、姜末煮至米粒开花，加盐、味精、鸡精、胡椒粉调匀，撒上葱花即可盛出。

◎ **功效** 甲鱼肉、玄参、红枣三者合用，对乳腺肿瘤、乳腺癌均有一定的食疗作用。

乳腺癌患者日常保健

研究发现，粗粮、蔬菜、水果中，除含有大量具有防癌抗癌作用的植物纤维素、维生素和微量元素外，还含有多种能阻止和减慢癌症发展各个阶段的生物活性物质。因此，在日常膳食中适当地多吃些这类食物，不仅有益于健康，还有助于乳腺癌的预防。

调养篇

本草内养，
让女人由内而外绽放娇颜！

　　美丽的容颜其实不需要什么特别的护理，学会《本草纲目》告诉你的美容大法，并持之以恒地使用，久而久之就会让你由内而外地美丽，美丽也会天长地久地眷顾你。

　　做女人，想要拥有明眸皓齿、花颜雪肤，最根本的方法是让气血活起来，只有当气血在身体里流动时，粉嫩的光泽才会尽显在脸上。当然，这一切都需要有健康的脏腑作为后盾，所以，养心、暖肝、强肾、润肺、健脾、护胃，这些都是女人必须要做的美容功课。

本草滋补气血，
白里透红才是真的美!

中医讲，气与血各不相同，又相互依存。对于一个健康的女人来说，只有保持气血的充足，才有可能拥有姣好的容颜。因为，血气盛，则脸色红润，血气衰，则脸色苍白，女人要想拥有白里透红的脸庞，就得补气血。此外，月经不调、痛经、闭经等疾病都能让女人血气亏损，让女人面色黯沉无血色，因此，女性在补气血时，还需对症下药。

女人养颜必有气

好气色能为女人增添不少光彩，我们常夸人"面带红光"，这便是一种气色充盈的外在表现。然而在现实生活中我们也常常听到不少女性感叹自己的气色不佳，而且女人具有特殊的生理变化，过了黄金年龄之后，容颜极易衰老，气色也极易变差。所以，女人要想靓丽永驻，就得长期坚持保养。

中医认为，脸色暗黄是营养不良导致的结果。许多女人常常自觉气色不好，上医院检查却又发现不了什么大的毛病。其实，导致女人气色不好的原因很多，例如肝胆变化、气血不足、结核病、肾气亏损等。对于面色萎黄的人，《本草纲目》中提供了很多对症的药材，如当归、桂圆、红枣。当归"性温、味甘，能补一切虚损及劳损"；桂圆能补体虚，具有健脾开胃、治疗厌食及强健体魄的功效；红枣主治邪气，更有益气之疗效。

阴虚内热者吃什么?

一般说来，若女性脸色潮红，并伴随有心烦、盗汗、失眠、手心或足心发热等症，往往是阴虚内热所造成的，有这类症状的女性应注意饮食中营养的搭配，并注意休息好。这类人可常吃鸭肉，《本草纲目》记载"鸭与豆豉、葱同煮，可除心中烦热"；若久虚发热，则"取黑鸭白鸭的血，加温酒饮用"。

🌸 营养不良或贫血者吃什么？

若是女人营养不良或是贫血，则表现为面色苍白或带暗黄色，这类人群经常伴有头晕、失眠、经量少，指甲往往呈淡色。对这类人来说，应该多食一些补血的药膳，注意加强营养，藕、乌骨鸡汤、枸杞、海参、鲜笋这些东西都可以多吃。中医界一致认定藕是一种非常好的滋补食品，生吃可清热，熟吃能补气益血，特别适合贫血及脾胃不佳者，经常食藕，能让女人气色越来越好。

🌸 肾气亏损者吃什么？

如果是肾气亏损的人，则常伴有耳鸣、晕眩，并常常觉得发冷、腰膝酸软，脸色常常黯淡无光甚至发黑发灰。《本草纲目》中亦提供了诸多对症治疗面色黯黑的药材，如何首乌、巴戟天、鲈鱼等。何首乌，能补血益气，凡肾虚者皆可食用。《神农本草经》中记载"巴戟天，为肾经血分之药，盖补助元阳则胃气滋长，诸虚自退，其功可居草薢、石斛之上"，巴戟天还具有安五脏、补中益气的疗效。鲈鱼则能益筋骨，更能补肝益肾。

🎗 女人养颜必有血

中医认为，血是构成并维持人体生命活动的基本物质之一。血生于脾，藏于肝，主于心，内营脏腑，外养皮肤。血是靠气推动的，气有行血、化血、载血等诸多功能。中医还讲，气虚则血亏，气滞则血瘀，气乱则血崩，气逆则血拂，气陷则血脱。总体而言，只有气血活动正常，女人才能永葆健康美丽。

女人往往一过三十岁，脏腑功能就会变得大不如前。脏腑功能减弱，那么气血功能也会随之减弱，再加上经、带、胎、产、哺，每一项都要耗损血气，所以女性的脸上总是会比男性更易出现气血不足的样子，比如脸色苍白、口唇无华、眼圈发黑、皱纹细密。当然，就算有这样的情况发生，我们也不能眼巴巴地看着自己身体的功能一天天衰退下去，我们要有自觉补血的意识。

女人要补血，需要从食养、药养、神养、睡养这几个方面入手。这样才能做到真正的全方位补血。

食养——女人补血养血最根本的方法

所谓"药补不如食补"，女人补血养血最根本的方法还是要食养，要均衡摄入动物肝脏、蛋黄、谷类等富含铁质的食物。如果食物中的铁质含量不高或严重缺乏，就要马上补充。同时，维生素C能帮助人体吸收铁质，也能优化人体造血功能，所以也要充足地摄入。许多食物如黑木耳、紫菜、发菜、荠菜、黑芝麻、藕粉里的铁质含量都很高，适合女性多吃。此外，蛋白质、微量元素（如铁元素）、叶酸、维生素B_1都是"造血原料"，含有这类物质的食材也应多吃；豆制品、动物肝脏、鱼、虾、鸡肉、蛋类、红枣、红糖、黑木耳、桑葚、花生、黑芝麻、核桃仁，都是非常不错的补血食材。

药养——对症施药，调出好气色

药养即食用具有养血、补血、活血功效的药材所做的药膳，常用的补养气血的药材有：黄芪、人参、党参、当归、白芍、熟地黄、丹参、首乌、枸杞、阿胶、红枣、桂圆、乌鸡。常用的补养气血的方剂有四物汤、保元汤、人参归脾汤、十全大补汤。这些药是两用的药草，既可以互相搭配制成各种药膳，又可以与各种西药进行搭配，调理各种虚损症状。

神养——有利于身心健康，促进骨髓造血功能

中医认为，若情志不畅，肝气郁结，则使血液耗损。所以，女性保养气血宜心平气和，不宜伤心动怒、悲观忧郁。维持平和的心态、愉悦的心情、开朗的态度，不仅能让人的免疫能力得到提高，有利于人的身心健康，还能使体内骨骼里的骨髓造血功能旺盛起来，让你看上去面色红润，皮肤白里透红。

睡养——女人的美丽容颜是睡出来的

这里提到的睡养，并不是提倡一味地睡觉。若作息极不规律，且日夜颠倒，睡得越多，越会导致面容憔悴，让人看上去面目肿大，没有精神。所谓睡养，便是要求人生活规律、起居有时、劳逸结合、娱乐有度、性生活有节、睡眠充足、少烟少酒，这些对女性的经血顺畅以及抗老防衰都会有很大的帮助。

此外，女人在经期若失血过多会使血液中的营养成分：血浆蛋白、钾、铁、钙、镁等流失。因此，在月经结束后的1~5日内，应多补充蛋白质、矿物质及补血的食品，如牛奶、鸡蛋、鹌鹑蛋、牛肉、羊肉、菠菜、樱桃、桂圆肉、荔枝肉、胡萝卜等，不仅能补血，而且还有美容作用。

补气养血药膳，让女人光彩夺人

女人失血，就如花朵失去水分给养，便会慢慢枯萎，所以在月经期、怀孕、生产这些关键时刻，女人更应该懂得加倍地呵护自己。

贫血女人滋养良方

对于贫血的女人来说，可以买点老姜，切上薄薄的几片放入杯中，然后加上三勺红糖、两颗红枣与几粒桂圆，用滚烫的沸水冲泡，常常喝几杯，就是对身体很好的滋养。在这款本草养血配方中，姜能温暖身体，并且没什么不良反应，红枣、桂圆都是补血养颜的好东西，这杯茶还能帮你战胜痛经，可谓一举两得。

多吃红肉，面色红润

女人要想保持娇嫩容颜，焕发活力光彩，就要多吃既有养颜功效又不会导致发胖的红肉。所谓红肉就是牛肉、羊肉。据《本草纲目》记载黄牛肉可"安中益气，养脾胃，补益腰脚，牛肉补气，与黄芪同功"，水牛肉可"消渴、补虚，强筋骨，消水肿除湿气"。羊肉可"补中益气、安心止惊、止痛、利产妇、开骨健力"。而现代医学认为，牛羊肉中含有丰富的铁质，可有效避免贫血发生。对于追求美丽的女人来说，多吃富含血红素的红肉，能保持充沛的精力，每天进食100克左右的牛肉、羊肉甚至是瘦猪肉，能让人脸色红润，气色好，且不会让人发胖。

补养气血常用中药材

以下推荐几种常见的补养气血的中药材。

①**人参**：能大补元气、补肺益脾，生津安神，是最好的补气之品。

②**黄芪**：能补气固表止汗，气虚汗多者最为适用。

③**山药**：能补肺脾肾三脏之气阴，既是中药，又是美食。

④**红枣**：补气健脾，养血安神，是生活中最常见的补养气血之品。

⑤**当归**：补血，活血，调经，是补血要药。

⑥**西洋参**：补肺降火，养胃生津，宁心安神，是阴血不足、虚烦失眠者的良药。

⑦**枸杞**：能滋肝补肾，益精明目，润肺补虚。对调节肝肾阴血虚弱都很好。

⑧**何首乌**：既能补血益精，又能乌发生发。

气血滋补药膳

一个女人的美丽，多在于她脸上的好气色。即使皮肤再白，如果没有好气色，看起来只会像白纸一样苍白，显病态。气血是调出来的，以下推荐一些效果较好的气血滋补药膳，可让女人拥有健康气色。

气血滋补药膳1 ·········○ 阿胶怀杞炖水鱼

◎**配方** 水鱼1只，清鸡汤1碗半，怀山8克，枸杞6克，阿胶10克，生姜1片，绍酒、盐、味精各适量

◎**制作** ①水鱼宰杀洗净，切成中块，飞水去其血污，怀山、枸杞用温水浸透洗净。②将水鱼肉、清鸡汤、怀山、枸杞、生姜、绍酒置于炖盅，盖上盅盖，隔水炖之。③待锅内水开后用中火炖两小时，放入阿胶后再用小火炖30分钟，加盐、味精调味即可。

◎**功效** 阿胶能补血、止血、滋阴润燥；枸杞补肾经、养肝明目，常食能让人长寿。

气血滋补药膳2 ·········○ 黑木耳红枣猪蹄汤

◎**配方** 黑木耳20克，红枣15颗，猪蹄300克，盐5克

◎**制作** ①黑木耳洗净浸泡；红枣去核，洗净；猪蹄去净毛，斩件，洗净后入水氽。②锅置火上，将猪蹄干爆5分钟。③将清水2000毫升放入瓦煲内，煮沸后加入黑木耳、红枣、猪蹄，大火煮开后改用小火煲3小时，加盐调味即可。

◎**功效** 黑木耳养血驻颜，令人肌肤红润，容光焕发，并可防治缺铁性贫血。

红豆牛奶汤

◎ **配方** 红豆15克，低脂鲜奶190毫升，果糖5克

◎ **制作** ①红豆洗净，泡水8小时。②红豆放入锅中，开中火煮约30分钟，再用小火焖煮约30分钟，备用。③将红豆、果糖、低脂鲜奶放入碗中，搅拌均匀即可。

◎ **功效** 红豆性微寒，味微苦、甘，具有清热解毒、补血养颜之功效，与鲜牛奶同食，可去面部黑斑，痤疮等。

归芪红枣鸡汤

◎ **配方** 当归10克，黄芪15克，红枣8颗，鸡肉150克，盐2小匙

◎ **制作** ①鸡肉洗净剁块，当归、黄芪、红枣均洗净。②再将鸡肉放入沸水中汆烫，捞起冲净。③鸡肉、当归、黄芪、红枣一起盛入锅中，加7碗水以大火煮开，转小火续炖30分钟，起锅前加盐调味即可。

◎ **功效** 当归可补血活血、调经止痛、润肠通便；黄芪可补气固表、止汗脱毒、生肌、利尿、退肿。

番茄阿胶薏米粥

◎ **配方** 成熟番茄150克，阿胶10克，薏米100克，盐5克，味精3克

◎ **制作** ①将番茄择洗干净，放入温开水中浸泡片刻，冲洗后，撕去皮，将其切碎，并剁成番茄糊，盛入碗中。②薏米淘洗干净，放入砂锅，加水适量，大火煮沸，改用小火煨煮30分钟，调入番茄糊，继续用小火煨煮。③阿胶洗净，放入砂锅中，待阿胶完全溶化，拌匀，再煮至薏米酥烂，加盐、味精即可。

◎ **功效** 本品具有补虚养血、益气调经的功效。

 **赶走月经不调，让女人恢复迷人气息**

月经不调的概念很宽泛，通常泛指各种原因引起的月经改变，包括月经的周期、经期、经色、经质的改变，以及经期紧张综合征等，是伴随月经周期前后出现的多种病症的总称。月经不调分为月经先期、月经后期、月经先后不定期、月经过多、月经过少、经间期出血以及经前期紧张综合征等。

月经是女性的一种生理现象，是卵巢功能的外部表现，也是具有生育功能的标志之一。少女在月经初潮后两年之内，月经大都不规律，经量时多时少，周期时长时短，这是卵巢发育尚不成熟所导致的，并不是真正的紊乱，但在形成了规律的月经周期后，出现月经变化，则可视为月经不调。

中医论——月经不调症

中医有言"女子为阴，以血为本，阴血易亏，且易瘀滞"。因此女性疾病多因血虚、血瘀而起。中医认为经水出诸肾，指出月经病和肾功能失调有关，此外，还和脾、肝、气血、冲脉、任脉、子宫相关。

月经不调多与肝郁、脾虚、气滞血瘀、冲任不固等有关。肝郁会引起内分泌紊乱，脾虚会造成营养不良、贫血，气滞血瘀会导致经前乳房胀痛，月经色暗有血块，还可伴痛经症状；冲任不固会导致月经频发、月经量过多、崩漏等症。所以治疗月经不调应从疏肝理气、健脾胃、补气血、活血化瘀、调理冲任等方面着手。

月经不调患者吃什么？禁什么？

月经不调患者饮食宜温热，忌生冷，宜清淡，忌辛辣。应多食高纤维素食物，如蔬菜、水果、粗粮。因为高纤维素食物可促进雌激素的分泌，增加血液中镁的含量，起到调整月经和保持情绪稳定的作用。同时月经期女性还应摄取足够的优质蛋白质，如鱼类、瘦肉类、蛋类、奶类、豆类等。因经期失血，造成血红蛋白流失，多吃富含优质蛋白的食物，可补充经期流失的营养。

月经期女性应避免饮浓茶。因浓茶富含咖啡因，会刺激神经和心血管，增加焦虑和不安的情绪，并容易加重月经不调症状。其次要忌食甜食，因糖分摄取过多会造成血糖不稳定，可能会出现心跳加速、头晕、疲劳、情绪不稳定等不适症状，进而加重月经不调。

🌸 月经不调患者宜吃哪些药材、食材？

以下推荐几种月经不调患者适用的药材和食材。

① **当归**：当归被誉为"补血调经第一药"，它既能补血又能活血，还可调经止痛、润肠通便，对治疗因血虚或血瘀引起的女性月经不调、月经量少、经期过短、痛经以及失血过多造成的贫血等症状均有很好的效果。

② **益母草**：益母草是活血调经的妇科良药，可活血祛瘀、调经、利水。对月经不调、痛经、难产、胞衣不下、产后血晕、瘀血腹痛及瘀血所致的崩漏、尿血、便血、痛肿疮疡均有很好的疗效。

③ **川芎**：川芎有"血中气药"之称，既能行气又能活血，还可疏肝开郁、祛风燥湿、化瘀止痛，对肝郁气滞以及血瘀引起的月经不调、胸胁胀痛、闭经痛经均有很好的疗效。

④ **生地黄**：生地黄有良好的止血效果，可清热养阴，凉血止血，对血热妄行引起的月经过多、频发月经、崩漏等症者均有很好的疗效，其还可用于治疗热病烦渴、发斑发疹、阴虚内热以及各种出血症等。

⑤ **三七**：三七具有止血、散瘀、消肿、定痛的功效。可用于治疗月经过多、瘀血腹痛等月经不调症状。还可治疗产后血晕、恶露不下、跌扑瘀血、外伤出血、痛肿疼痛等病症。

⑥ **黄芪**：黄芪具有健脾补气的功效，对脾虚引起的月经不调、经期神疲乏力、困倦等症有较好疗效。

⑦ **乌鸡**：乌鸡具有补肾养血、调经止带的功效，是补养身体的上好佳品，对女性月经不调、白带过多以及一些虚损病均有较好的疗效。

⑧ **猪肝**：猪肝具有补气养血、养肝明目的作用，可调节和改善贫血病人造血系统的生理功能，对女性生理期失血过多引起的贫血有很好的食疗效果。

⑨ **生鱼**：生鱼具有养血生肌的作用，对血虚引起的月经不调，经色淡，神疲乏力等均有很好的食疗效果，此外，生鱼有促进伤口愈合的作用，对产后、术后的患者大有补益效果。

⑩ **艾叶**：艾叶具有温经止血、散寒止痛的功效，对女性虚寒性痛经、小腹冷痛、崩漏下血、月经不调、胎动不安、妊娠下血及宫冷不孕等症治疗效果良好。

⑪ **丹参**：丹参具有活血化瘀、调经止痛、除烦安神的功效，适用于月经不调、瘀滞腹痛、产后恶露不尽和血滞引起的经闭、胸胁疼痛等症。

月经不调调理药膳

月经不调困扰着许许多多的女性朋友，但相当一部分人却不给予重视。虽说月经不调很广泛、很平常，但其危害也是十分大的。因此，月经不调的调理就显得相当重要了。

月经不调调理药膳1

益母草红枣瘦肉汤

◎**配方** 益母草10克，红枣8颗，猪瘦肉200克，料酒、姜块、葱段、盐、味精、胡椒粉、香油各适量

◎**制作** ①红枣洗净，去核；猪瘦肉洗净，切块；益母草冲洗干净。②锅中先放入红枣、猪瘦肉、料酒、姜块、葱段，加1200毫升水，大火烧沸，改用小火炖煮30分钟。③再放入益母草，加入盐、味精、胡椒粉、香油，稍煮5分钟即成。

◎**功效** 益母草可活血化瘀、调经止痛，对女性月经不调诸证均有较好的疗效；红枣可益气养血，是贫血患者的常用补益食物，对气血两虚型月经不调，月经量少、颜色淡者有很好的改善作用。

月经不调调理药膳2

当归三七炖鸡

◎**配方** 当归20克，三七7克，乌鸡150克，盐8克

◎**制作** ①当归、三七洗净，乌鸡洗净，斩件。②再将乌鸡块放入滚水中煮5分钟，捞出过冷水。③把当归、三七、乌鸡放入煲内，加滚水适量，盖好，小火炖两小时，加盐调味。

◎**功效** 本品具有补益气血、活血化瘀的功效，适合血虚有瘀之月经不调的患者食用。症见经行腹痛，月经量少，色黯黑有瘀块，甚至闭经，舌暗边有瘀点，脉细涩。

生地山药粥

◎ **配方** 生地10克，山药30克，大米100克，盐1克，葱花少许

◎ **制作** ①大米洗净，下入冷水中浸泡半小时后捞出沥干水分备用；生地洗净，下入锅中，加300毫升水熬煮至约剩100毫升时，关火，滤渣取汁待用。②山药洗净，切块备用。③锅置火上，加入适量清水，放入大米，以大火煮开，倒入生地汁液；以小火煮至快熟时倒入山药块，煮至浓稠，撒上葱花，调入盐拌匀即可。

◎ **功效** 生地黄清热凉血，养阴生津；山药补脾养胃，生津益肺；此粥可改善血虚引起的月经不调症。

香菇鸡粥

◎ **配方** 香菇6朵，桂圆肉15克，鸡腿1个，米75克

◎ **制作** ①鸡腿洗净剁成块。②香菇用温水泡发，米洗净。③先将米放入煲中，加清水适量，煲开后，稍煮一会儿，再下入香菇、鸡块、桂圆肉，煲成粥即可。

◎ **功效** 桂圆肉是药食两用的补血佳品，对一切血虚证均有很好的食疗效果，常食可改善血虚引起的月经不调症状。香菇富含多种微量元素和维生素，与鸡肉配伍具有益气补虚的功效，对体质虚弱的患者有很好的食疗作用。

月经不调面面观

经期要防寒避湿，避免淋雨、涉水、游泳，不要吃生冷食物或少食辛辣炙热之品，不宜饮酒。避免劳累，过度劳累易发生月经过多、经期延长，甚至崩漏等。故经期不宜参加强体力劳动与剧烈的体育运动。

本草脏腑调和，
女人美容养颜必修课！

"五脏六腑"是中国人用了几千年的一个名词，是指人体内的主要器官。中国人把人体内部的主要器官分"脏"和"腑"两个大类。"脏"是指实心或有机构的器官，有心、肝、脾、肺、肾五个脏。"腑"是指空心的容器，有小肠、胆、胃、大肠、膀胱等五个腑，另外将人体的胸腔和腹腔合并起来是第六个腑，称为三焦。

古人将五脏六腑都称为"官"，是说人体五脏六腑都各有职能，并根据这些不同的生理功能特点，各封以"官"位。当然，这仅是形象化地将五脏六腑的功能特点与封建社会的官位相比拟而称的。五脏具有制造并储存气、血、津液的功能，六腑则具有进行消化吸收的功能。我们摄取的饮食，分为对身体而言必要的营养（水谷精华）和不必要的成分（糟粕）。水谷精华被搬运至五脏中，糟粕则成为粪便与尿排泄，这些是六腑的功能。而五脏则负责将水谷精华制成气、血、津液，并将之储存。

娇嫩肌肤、明眸皓齿、娇艳红唇是女性容颜美的主要标志，而女性的美好容颜都需要有健康的五脏六腑来做坚实的后盾。中医讲气血是女人养颜的根本，而心是血液的营运站，肝是人体解毒的场所，肾是女人精气的源泉，肺是水的调度室，脾是气血的生化之源，胃是身体营养的供给站，所以养心、补肝、强肾、润肺、健脾、护胃是女人美容养颜必须要做的功课。

美丽女人先养心

心是人体气血运行的发动机，心脏的搏动是否正常关乎生命的存亡。中医认为，一个人脸色的好坏，与心脏的好坏有着密切的关系。心主血脉，其华在面。即心气能推动血液的运行，从而将营养运送到身体各处，而面部又是全身血脉最集中的部位，所以，心功能的盛衰便全都体现在面部色泽上。心气旺，则气血和津液充盈，脏腑功能正常，则面色就会红润有光泽。若心气不足，就会导致心血亏虚，以致面色苍白。若心血闭阻，则面色青紫。若心血过旺，则面红、舌尖红或糜烂。若人在病中，则面色暗黄、苍白。

食疗，养心养血最适宜

中医讲，治病、美容、养生、养颜密不可分，牵一发而动全身，只有心血旺、内脏功能正常才能让人容光焕发，所以美容养颜需养心养血，对于处在经期、孕期、产前产后的女人更应该得到特别的呵护。养心养血最宜用食养。想要补心，就要先补铁，食补就要选择含铁丰富的食物，如小米、大米、芹菜、黄豆、胡萝卜、白萝卜、海带、黑木耳、香菇、瘦猪肉、牛肉、羊肉、猪肝、鸡肉、牛奶、猪心、鸡蛋、鹌鹑、红枣、桑葚、葡萄、桂圆等。

对心脏最有补益作用的食物

①蒜：每天吃1～3瓣未经加工、未除蒜味的大蒜，不仅对冠心病有预防作用，还能降低心脏病的发生概率。因为蒜能带走有损心脏的胆固醇，还能减低血小板的黏滞性，阻止血液的凝固，预防血栓的形成。

②海产品：多食海产品能降低胆固醇，以此来减少胆固醇对心脏的损害。

③纤维类的食物：含纤维素高的食物与降低胆固醇的药物一样，能起到保护心脏的作用。

④洋葱：洋葱可生吃，油煎、炖或煮都能起到很好的降低胆固醇及保护心脏的作用。

⑤豆类食物：豆类中含有丰富的亚麻二烯酸，能降低胆固醇，减少血液的黏滞性。

⑥茄子：茄子能限制人体从油腻食物中吸收胆固醇，而且能把肠道中过多的胆固醇带出体外，以减少其对心脏的损害。

淡斑去瑕必补肝

肝脏是人体内最大的解毒器官，我们体内产生的毒物、废物，以及我们吃进去的毒物都是靠肝脏在进行解毒。肝能吸收由肠道吸收或身体其他部位制造的有毒物质，再以无害物质的形式分泌到胆汁或血液中而排出体外，甚至我们服用的药物，也要通过肝解毒。

❀ "女子以肝为天"

中医讲"女子以肝为天"，肝主藏血，主疏泄，能调节血液量和调畅全身气机，使气血平和，让面部血液运动动力充足。我们常讲"喝酒伤肝"，其实疲劳及作息不规律也会对肝造成伤害，而肝一旦受到损伤，肝之疏泄失职，气机不调，血行不畅，血液瘀于面部则易使面色发青。肝血不足，则面部皮肤也会缺少滋养，久之便会面色暗淡无光、两目干涩、视力不清。

❀ 赶走"肝郁"，零斑点

女人随时随地都要注意养好自己的肝，要时时注意避免"肝郁"的情况发生。所谓肝郁，是指因情志不舒、恼怒或因其他原因影响气机升发和疏泄而造成肝气郁结的状况，肝郁最直接的后果是会导致面部生斑。色斑是我们皮肤最易出现的问题之一，最常见的色斑是雀斑和黄褐斑。中医讲黄褐斑的形成主要归结于肝郁。除了长斑，肝郁还会导致各种生理不适及面色灰暗。肝郁一旦发生，就要采用疏肝理气的中药，如柴胡、白芍、香附、青皮、茴香、薄荷等加以改善，来帮助恢复皮肤的新陈代谢，减轻皮肤上的斑点瑕疵。

❀ 养肝饮食忌宜

①**燕麦**：燕麦中含有丰富的亚油酸和丰富的皂苷素，可降低血液中血清胆固醇、三酰甘油的含量。

②**红薯**：红薯能中和人体内因过多食用肉类与蛋类而产生的酸，保持人体内的酸碱平衡，降低脂肪含量。

③**洋葱**：洋葱不仅是很好的杀菌食材，还能有效降低人体血脂，防止动脉硬化。

④**牛奶**：牛奶富含钙质，可减少人体内的胆固醇含量。

⑤**海带**：海带含有丰富的牛黄酸，可有效降低血液及胆汁中的胆固醇含量。

此外，食用维生素含量丰富的各种蔬菜、水果，特别是鲜枣、胡萝卜对肝脏也非常有益。而像肥肉、羊肉这种蛋白质含量高的高热量、高脂肪的食物会加重肝的负担，吃太多会导致脂肪肝，葱、韭、姜、椒等辛辣调味料正常人吃多易上火，肝病患者吃了会加重病情。酒类不仅会损害肝细胞的生理功能，还能使肝细胞坏死，对于正常人来说，应少喝酒，对于肝病患者来说，饮酒量应该控制在安全的量之内，最好做到完全不喝。

不老容颜需强肾

肾是女性健康和美丽的发源地。肾健康说明人体生长、发育、生殖系统有活力；如果肾虚了，一系列衰老现象就会发生。

"男怕伤肝，女怕伤肾"

俗话讲"男怕伤肝，女怕伤肾"，女性更应重视肾的调养。如果女性在幼儿期肾虚，会出现发育迟缓的现象；在青春期肾虚则会导致初潮延迟、月经减少；成年期肾虚则意味着不孕不育、性欲冷淡、提前绝经；更年期则易发骨质疏松、心脏病变等。

女性肾虚，从美容养颜的角度上来讲，会直接地体现在头发和容貌上："肾藏精，其华在发，肾气衰，发脱落，发早白"；肾气不足，则精不化血，血不养发，表现在外则可见脱发、早秃、斑秃等。肾功能不好的人，其容颜易出现早衰。从食养的角度上讲，可多吃芝麻、核桃，使皮肤变得白皙、丰润，这些食物除了可以美容，还能帮助毛发生长。另外，还可以使用具有补肾助阳功效的中药材，如桂皮、艾叶，来改善肌肤质量，以达到青春永驻的效果。

补肾宜吃哪些药材、食材？

①山药：山药是重要的上品之药，除了能补肺、健脾，还能益肾填精，肾虚的人都应该常吃。

②干贝：能补肾阴虚，所以肾阴虚的人应该常吃。

③栗子：既可以补脾健胃，又有补肾壮腰之功，对肾虚腰痛的人特别有益。

④枸杞：可补肾养肝、壮筋骨、除腰痛，尤其适合中老年女性肾虚患者使用。

⑤鲈鱼：既可补肝肾，又能益筋骨，还能暖脾胃，功效多多。

⑥芡实：有益肾固涩、补脾止泻的双重功效，《本草新编》记载说"凡肾虚之人遗精、早泄、带下、小便不禁或频多者，宜常食之"。

⑦冬虫夏草：凡肾虚患者皆宜用冬虫夏草配合肉类如猪瘦肉、鸡肉、鸭肉等共烹，补肾和补肺效果皆不凡。

⑧**黑豆**：黑豆被古人誉为"肾之谷"，黑豆味甘性平，不仅形状像肾，还有补肾强身、活血利水、解毒、润肤的功效，特别适合肾虚患者。

⑨**黑米**：黑米被称为"黑珍珠"，含有丰富的蛋白质、氨基酸以及铁、钙、锰、锌等微量元素，有开胃益中、滑涩补精、健脾暖肝、舒筋活络等功效，其维生素B_1和铁的含量是普通大米的7倍。

⑩**黑芝麻**：性平味甘，有补肝肾、润五脏的作用，对因肝肾精血不足引起的眩晕、白发、脱发、腰膝酸软、肠燥便秘等有较好的食疗保健作用。它富含对人体有益的不饱和脂肪酸，其维生素E含量为植物食品之冠，可清除体内自由基，抗氧化效果显著，对延缓衰老、治疗消化不良和治疗白发都有一定作用。

⑪**黑荞麦**：可药用，具有消食、消积滞、止汗之功效。除富含油酸、亚油酸外，还含叶绿素、卢丁以及烟酸，有降低体内胆固醇、降血脂和血压、保护血管功能的作用。

肌肤水润要润肺

肺是人体内外气体交换的场所，人体通过肺的呼吸运动，将自然界的清气吸进体内，又将体内的浊气呼出。人体通过肺气的宣发和肃降，使气血津液得以遍布全身。若肺的功能失常，就会导致肌肤干燥、面色憔悴苍白。所以，肺虚的人，皮肤往往干燥无光泽，肺热体质的人显露在皮肤上的问题便是出油，毛孔粗大，痘痘、粉刺接连冒出。

拥有水润的肌肤是每个女人的向往，而要想拥有滋润的皮肤就必先润肺，只有拥有了健康的肺，肌肤才会润泽。

饮食润肺

"以食润燥"是指从饮食上调理肺脏的原则，生津润肺、养阴清燥的食品最适合在干燥的时候食用。

养肺润肺的食养法则，第一点就是要多吃鲜蔬水果，因为水果和蔬菜中含有的大量维生素和胡萝卜素能增加肺的通气量。这些鲜蔬果有：花菜、香芹、菠菜、香菜、青椒、橄榄、山楂、鲜枣、胡萝卜、芒果、南瓜、西红柿、西瓜、紫葡萄。还应该多吃含脂鱼类，如鲑鱼、沙丁鱼、金枪鱼等，这些具有丰富鱼脂的鱼类都能有效防止哮喘的发生。

而其他具有滋养肺部功效的食品有如下几种：

①**洋葱**：洋葱内含丰富的蒜素，抗菌能力强，能抑制细菌的侵入，对呼吸系统及消化系统疾病有很好的防治功效。

②**银耳**：银耳内含丰富的酸性异多糖物质，不仅可提高人体免疫力，还能改善支气管炎和肺部感染。

③**梨**：梨是具备极强止咳润肺功效的水果，还能除风热、止烦渴、清热降火、治疗咽喉肿痛。

④**百合**：熟食或煎汤都可，对治疗肺痨久咳、干咳咽痛等呼吸系统疾病有一定的效果。

⑤**山楂**：山楂具有扩张气管、排痰平喘的功效，有利于支气管炎的治疗。

⑥**罗汉果**：有很好的清热凉血的作用，还具有化痰止咳、润肺的功效，是常用来治疗感冒的一味中药。

此外，常吃各种坚果，如花生、核桃、榛子、松子、莲子、白果等，都能起到提高机体免疫力、防止呼吸道感染的作用。

习惯养肺

①**以水养肺**：肺与水有关，又直接关系到皮肤的水润，所以，最直接的养肺方法就是喝水。建议每天清晨在起床之后喝一杯加了蜂蜜的温水，这样能让机体得到很好的补充与给养。平时也应注意喝水，可在每天早上、睡前各喝0.2升水，两餐间各喝0.8升水。

②**积极咳嗽**：这里的咳嗽不是一种疾病反应，而是一种积极性的保健，一种肺部的保护性动作。每天积极咳嗽，可促使肺部得到清洁，增加免疫力，还能保持肺活量。

③**保持心情愉悦**：开心能治百病，笑时胸肌伸展，胸廓扩张，肺活量增大，对肺部特别有益。发自肺腑的笑，能使肺气散布全身，使面部、胸部及四肢肌肉群得到充分放松。

④**睡前泡脚**：晚上睡觉前，用热水充分泡手和脚约10分钟，使之温热充血，这样能通过神经反射使上呼吸道扩张，促使血流循环，增强机体局部抵抗力。这个方法对老年人及慢性肺病患者的身体保健较有帮助。

气血充盈需健脾

脾胃素被称为"后天之本""气血生化之源"，其运化功能直接关系到人体的整个生命活动。

脾胃的运化功能主要有两种，即运化水谷和运化水液。运化水谷指的是脾胃把食物化为精微，并将精微物质运输至全身。运化水液是指脾能将被吸收的水谷精微中多余的水分及时地运输至肺和肾，通过肺、肾再转化为汗、尿排出体外。

脾——"后天之本"

脾既为"后天之本"，说明其在防病与养生方面有着重要的意义。古代医家皆认为"百病皆有脾衰而生也"，所以，日常生活中，尤其要注重保养脾胃，注意饮食营养，要忌口。

中医学认为"脾主肌肉""脾主四肢"，人的脾胃是人的体力产生的直接动力，如果脾不运化水谷、水液，就会导致人体营养缺乏、四肢无力、肌肉疲软，所以能够补脾、健脾、养胃的食物皆可增加力气。

脾——"气血生化之本"

脾既为"气血生化之本"，脾胃功能健全，则气血旺盛。表现在肌肤上，则是皮肤柔润，皮脂溢出减少，皮肤充满弹性，皮肤衰老症状得以减缓。反之，若脾胃功能紊乱，则导致气血津液不足，人的面色也就会暗淡无光、肌肤粗糙、弹性缺失。

补脾、健脾宜吃哪些药材、食材？

山药、榛子、牛肉、狗肉、葡萄、红枣、茯苓、甘草、薏米、山楂，食用这些食物与中草药，可以有效地改善皮肤粗糙的状况，使皮肤变得充满弹性，变得更加细腻。而这些食物、药物又可以互相组合做出各种具有醒脾、健脾功效的药膳。

①醒脾：可取生蒜泥10克，加糖、醋等调料少许，搅拌均匀，即可食用。该药膳不仅有很好的醒脾健胃功效，还能预防肠道疾病。

②健脾：可用莲子、白扁豆、薏米煮粥同食，或银耳、百合、糯米煮粥同食，两款药膳均具有健脾祛湿的功效。

花容月貌靠护胃

胃是人体的加油站，我们的容貌以及需要的能量都来源于胃的摄取。因此，必须要好好爱护你的胃，才能拥有美丽的容貌！

胃——"水谷气血之海"

胃又被称为"太仓""水谷之海""水谷气血之海"，其生理作用主要是：主受纳、腐熟水谷，即指胃能接受食物，又能将食物做初步的消化运送到人体的下一个运作器官。中医藏象学以脾升胃降来概括机体整个消化系统的生理功能。中医学上还讲，胃主通降，以降为和。胃的通降作用指的是胃能将在机体中腐熟后的食物推入小肠做进一步消化；胃的通降是降浊，降浊是其收纳功能的前提条件。总体上来讲，胃是一个接纳外部又衔接内部器官的场所，如果胃的通降作用丧失，人的食欲不仅会受到影响，更会导致浊气上升而发生口臭、脘腹闷胀、大便秘结。

最好的养胃食物来自天然

对于胃，最好的补养是天然的食物。那么，兼有治胃、养胃功效的食材究竟有哪些呢？

①南瓜：南瓜内含有丰富的果胶，能有效保护胃黏膜，还能减少粗糙坚硬食物对胃的刺激。另外南瓜还能刺激胆汁分泌，加强胃的蠕动，促进胃的消化吸收，所以想要养胃宜多吃南瓜粥。

②小米：每晚喝一碗小米粥，不仅可以暖胃安神，如果在冬日吃，还能有助睡眠。

③豆腐：豆腐能益气，还能养脾胃，豆腐中丰富的半胱氨基酸能减少酒精对肝的伤害。

此外，香山药、莲子、薏米、山楂、牛奶、栗子、茯苓都是具备很好健胃功效的食材。

另外，胃的脾性喜燥恶寒，因此冷饮必须要少吃；对胃有好处的食物多以温热为主，吃热食是一个养胃的好习惯。而对胃伤害最大的不是食物而是习惯，像饭后立即用脑这种习惯不仅会导致消化不良，还能引发胃病。总的来说，要想获得胃肠健康，就必须从这些小处着手，做到防微杜渐，坚持三餐定时定量，多吃有益食物，才能让你的胃更加健康。

养心药膳

心是人的生命活动的主宰，统帅各个脏器，使之相互协调，共同完成各种复杂的生理活动，以维持人的生命活动。心脏的健康不是说吃几颗药就能造就的，而是需要长时间的调理。

养心药膳1　远志菖蒲鸡心汤

◎**配方**　鸡心300克，胡萝卜1根，远志15克，菖蒲15克，盐2小匙，棉布袋1只，葱适量

◎**制作**　①将远志、菖蒲装在棉布袋内，扎紧。②鸡心氽烫，捞起，备用；葱洗净，切段。③胡萝卜削皮洗净，切片，与第1步骤中准备好的材料先下锅加4碗水煮汤；以中火滚沸至剩3碗水，加入鸡心煮沸，下葱段，盐调味即成。

◎**功效**　本品可滋补心脏、安神益智，可改善失眠多梦、健忘惊悸、神志恍惚等症。

养心药膳2　养心安神粥

◎**配方**　圆糯米1杯，莲子150克，百合50克，银耳25克，燕麦片半杯，枸杞5克，桂圆少许

◎**制作**　①银耳泡软去硬蒂，氽烫后切成小块；桂圆剥去外壳备用。②圆糯米与燕麦片洗净加水煮熟，百合洗净泡水后煮至松软。③将百合、银耳、莲子、桂圆肉加入糯米粥中，再煮一下，最后放入枸杞即可。

◎**功效**　糯米补血健脾，百合宁心安神，莲子健脾养心，银耳滋阴润肺。

枸杞桂圆银耳汤

◎**配方** 枸杞梗500克，银耳50克，枸杞20克，桂圆10克，姜1片，盐5克，食用油适量

◎**制作** ①桂圆、枸杞洗净。②银耳泡发，洗净，煮5分钟，捞起沥干水。③下油爆香姜，银耳略炒后盛起。另加适量水煲滚，放入枸杞梗、桂圆、枸杞、银耳、姜煲滚，小火煲1小时，下盐调味即成。

◎**功效** 本品可养肝明目、补血养心、滋阴润肺，对面色萎黄、两目干涩、口干咽燥等症均有很好的改善作用。

灵芝鸡腿养心汤

◎**配方** 香菇2朵，鸡腿1只，灵芝3片，杜仲5克，山药10克，红枣6颗，丹参10克，盐适量

◎**制作** ①鸡腿洗净，以开水汆烫。②炖锅放入适量水烧开后，将材料全入锅煮沸，再转小火炖约1小时，再用盐调味即可。

◎**功效** 本品可滋补肝肾、益气健脾、养心安神，对心、肝、脾、肾均有补益作用。

灵芝蒸猪心

◎**配方** 猪心1个，灵芝20克，姜片适量，盐5克，麻油少许

◎**制作** ①将猪心剖开洗净切片，灵芝去柄，洗净切碎，同放于大瓷碗中，加入姜片，精盐2克和清水300毫升，盖好。②隔水蒸至酥烂，下剩余的盐，淋麻油即可。

◎**功效** 本品具有补虚、安神定惊、养心补血之功效，可改善心悸失眠、头晕目眩、面色无华等症状。

润肺药膳

肺主呼吸，能使自然界的清新空气通过肺进入体内，而体内的浊气通过肺呼吸排出体外，让身体的气机畅通无阻。好好地善待我们的肺，相信它会回报给我们更清新的空气。

润肺药膳1 ◦ **南杏萝卜炖猪肺**

◎**配方** 猪肺250克，上汤1碗半，南杏4克，萝卜100克，花菇50克，生姜、盐、味精各适量

◎**制作** ①猪肺反复冲洗干净，切成大件，南杏、花菇浸透洗净；萝卜洗净，带皮切成中块。②将以上用料连同1碗半上汤倒进炖盅，盖上盅盖，隔水炖之，先用大火炖30分钟，再用中火炖50分钟，后用小火炖1小时即可。③炖好后，用盐、味精调味，喝汤吃肉。

◎**功效** 此品可润肺燥，养肝阴，生津液。

润肺药膳2 ◦ **霸王花猪肺汤**

◎**配方** 霸王花（干品）50克，猪肺750克，瘦肉300克，红枣3枚，南北杏10克，姜两片，盐5克

◎**制作** ①霸王花浸泡1小时，洗净；红枣洗净。②猪肺注水，挤压，直至血水去尽，猪肺变白，切成块状；烧锅放姜片，将猪肺干爆5分钟左右。③将2000毫升清水放入瓦煲内，煮沸后加入所有原材料，大火煲滚后，改用小火煲3小时，加盐调味即可。

◎**功效** 霸王花可清热痰、除积热；猪肺有补肺、治咯血的作用。

润肺药膳3 ○ 百合无花果鳊鱼汤

◎**配方** 鳊鱼500克，马蹄100克，无花果30克，百合15克，姜2片，花生油10毫升，盐5克

◎**制作** ①百合、无花果洗净，浸泡1小时，马蹄洗净。②鱼去鳞、腮、内脏，洗净；烧锅下花生油、姜片，将鱼两面煎至金黄色。③将2000毫升清水放入瓦煲内，煮沸后加入全部原料，大火煲开后，改用小火煲3小时，加盐调味即可。

◎**功效** 本品可清热润肺、滋阴润燥、益气补虚，适合肺阴亏虚之人食用。

润肺药膳4 ○ 参麦玉竹润肺茶

◎**配方** 沙参10克，麦冬10克，玉竹10克，砂糖适量

◎**制作** ①将沙参切段，同麦冬、玉竹一起盛入锅中，加500毫升水以大火煮开。②转小火续煮20分钟，放入砂糖，取汁饮。

◎**功效** 此汤可滋阴润肺，生津养胃，既适用于燥咳痰黏，阴虚劳嗽，又可治阴虚感冒之发热咳嗽、咽痛口渴，还能治热伤胃阴、舌干食少及消汤等症。

润肺药膳5 ○ 玉竹西洋参茶

◎**配方** 玉竹20克，西洋参3片，蜂蜜15毫升

◎**制作** ①先将玉竹与西洋参用沸水600毫升冲泡30分钟。②滤渣，待温凉后，加入蜂蜜，拌匀即可。

◎**功效** 西洋参中的皂苷可以有效增强中枢神经功能，达到静心凝神、消除疲劳、增强记忆力等作用，常服西洋参可以抗心律失常、抗心肌缺血、抗心肌氧化、强化心肌收缩能力。

补肝药膳

　　肝是人体内最大的解毒器官，体内产生的毒物、废物，吃进去的毒物、有损肝脏的药物等必须依靠肝脏解毒。因此，必须要好好爱护我们的肝脏。以下推荐几款补肝药膳，让你肝脏健康，毒素排清。

补肝药膳1　　　　　　　　　　　　　　　枸杞叶猪肝汤

◎配方　猪肝200克，枸杞叶10克，黄芪5克，沙参3克，姜片、盐各适量

◎制作　①猪肝洗净，切成薄片；枸杞叶洗净；沙参、黄芪润透，切段。②将沙参、黄芪加水熬成药液。③下入猪肝片、枸杞叶和姜片，煮5分钟后调入盐即可。

◎功效　此汤具有补肝明目的功效，常用于治疗风热目赤、双目流泪、视力减退、夜盲、营养不良等病症。

补肝药膳2　　　　　　　　　　　　　　　黑豆排骨汤

◎配方　黑豆10克，猪小排100克，葱花、姜丝、盐各少许

◎制作　①将黑豆、猪小排洗净。②将适量水放入锅中，开中火，待水开后放入黑豆及猪小排、姜丝熬煮。③待食材煮软至熟后，加入盐调味，并撒上葱花即可。

◎功效　黑豆可滋阴补肝肾、养颜美容，还含有丰富的膳食纤维，可促进肠胃蠕动，预防便秘。

补肝药膳3 ······o 海带排骨汤

◎ **配方** 排骨180克，海带4条，味精0.5克，鸡精0.5克，盐1克

◎ **制作** ①将排骨斩成小块；海带泡发后打结。②将所有原材料放入盅内，蒸两个小时。③放入调味料调味即可。

◎ **功效** 海带含有丰富的钙，可防人体缺钙，还有降血压的功效，此汤味道鲜美，益精补血。

补肝药膳4 ······o 白果决明菊花茶

◎ **配方** 白果10克，决明子10克，菊花5克，冰糖10克

◎ **制作** ①白果去壳去皮和决明子盛入锅中，加600毫升水以大火煮开，转小火续煮20分钟。②加入菊花、冰糖，待水一滚即可熄火。

◎ **功效** 此茶能清肝明目、祛风止痛，改善视力减退、肝炎上亢、羞明多目，并调节血压，血脂，长时间饮用，有明目、瘦身、灵活肢节之效果。

补肝药膳5 ······o 决明枸杞茶

◎ **配方** 决明子5克，枸杞5克，砂糖适量

◎ **制作** ①决明子盛入锅中，加350毫升水以大火煮开，转小火续煮15分钟。②加入枸杞、砂糖续煮5分钟即成。

◎ **功效** 决明子可清热明目，润肠通便；枸杞可养肝、滋肾、润肺；此茶具有保肝养肝、调理慢性肝炎、肝硬变及维护视力的功效。

补肾药膳

肾为先天之本，是人体的生命之源。俗话说"男怕伤肝，女怕伤肾"，女性一旦肾虚，很快就会表现出精神疲劳、记忆力下降、月经紊乱等一系列的症状。以下推荐几款可口营养的补肾药膳，供你选择！

补肾药膳1 ········○ 二参猪腰汤

◎**配方** 猪腰1个,沙参、党参各10克,枸杞5克,生姜5克,盐3克,味精4克

◎**制作** ①猪腰洗净,切开,去掉腰臊,再切成片;沙参、党参润透,均切成小段。②锅中加水烧开,下入猪腰片氽熟后,捞出。③将猪腰、沙参、党参、枸杞、生姜装入炖盅内,加适量水,炖半个小时至熟,调入盐、味精即可。

◎**功效** 猪腰可补肾气、通膀胱、消积滞、止消渴。该汤可用于治疗肾虚腰痛、水肿、耳聋等症。

补肾药膳2 ········○ 黑豆牛肉汤

◎**配方** 黑豆200克,牛肉500克,生姜15克,盐8克

◎**制作** ①黑豆淘净,沥干;生姜洗净,切片。②牛肉切块,放入沸水中氽烫,捞起冲净。③黑豆、牛肉、姜片盛入煮锅,加7碗水以大火煮开,转小火慢炖50分钟,用盐调味即可。

◎**功效** 此品具有补肾益血,强筋健骨,利尿消水肿之功效。

山药枸杞莲子汤

◎**配方** 山药200克，莲子100克，枸杞50克，白糖6克

◎**制作** ①山药去皮，切成滚刀块，莲子去心后与枸杞一起泡发。②锅中加水烧开，下入山药块、莲子、枸杞，用大火炖30分钟。③待熟后，调入白糖，煲入味即可。

◎**功效** 山药可健脾胃、助消化，是一味平补脾胃的药食两用之品。山药有润滑、滋润的作用，故可益肺气、养肺阴、治疗肺虚痰嗽久咳之症。

生蚝瘦肉汤

◎**配方** 生蚝肉、猪瘦肉各250克，生姜两片，白果50克，葱花适量、盐8克

◎**制作** ①生蚝肉洗净；猪瘦肉洗净，切块；生姜洗净。②将生蚝肉、猪瘦肉、姜片、白果一齐放入清水锅内，大火煮滚后，改小火煲约半小时。③放入葱花，加盐调味即可。

◎**功效** 此汤具有滋养肝肾，养血宁心之功效。

党参马蹄猪腰汤

◎**配方** 猪腰2000克，马蹄150克，党参100克，盐8克，白酒、食用油各适量

◎**制作** ①猪腰洗净，剖开，切去白脂膜，切片，用适量白酒、油、盐拌匀。②马蹄洗净，党参洗净切段。③马蹄、党参放入锅内，加适量清水，大火煮滚后，改小火煮30分钟，再加入猪腰，再滚10分钟，调味即可。

◎**功效** 此汤具有温肾润燥，益气生津的功效。

健脾益胃药膳

脾胃在人体中的地位非常重要，人体所需的一切物质都归其调拨，可以摄入食物，并输出精微营养物质以供全身之用。脾胃可谓是人体的"发电厂"，要怎样才能使脾胃正常的"发电"呢？药膳可以帮到你。

健脾益胃药膳1 ·········○ 麦冬炖猪肚

◎**配方** 猪肚500克，麦冬20克，生姜10克，盐5克，味精2克，胡椒粉2克

◎**制作** ①猪肚洗净，入锅中煮熟后捞出；生姜洗净，切片。②将煮熟的猪肚切成条状。③再装入煲中，加入麦冬、姜片，上火煲1小时后，加入调味料即可。

◎**功效** 麦冬可滋阴生津、润肺止咳、清心除烦；猪肚可健脾益气，具有治虚劳羸弱、泄泻、下痢、消渴、小便频数、小儿疳积的功效。

健脾益胃药膳2 ·········○ 猪肚煲米豆

◎**配方** 米豆50克，猪肚150克，盐5克，味精2克，食用油适量

◎**制作** ①猪肚洗净切成条状。②米豆放入清水中泡半小时至膨胀。③锅中加油烧热，下入肚条稍炒后，注入适量清水，再加入米豆煲至开花，调入盐、味精即可。

◎**功效** 米豆、猪肚均能健脾胃，米豆中所含的木质素可抑制肿瘤生长，尤其对乳腺癌及生殖系统等癌症患者有很大的帮助。

生姜红枣汤

◎**配方** 生姜1段，红枣6枚，冰糖适量

◎**制作** ①生姜洗净，切片；红枣剖开，去核。②姜、枣盛入锅中，加600毫升水以大火煮开，转小火续煮20分钟即成。③加入冰糖，煮沸即可。

◎**功效** 此汤能健胃和脾，兴奋肠道，促进消化，改善慢性肠炎，缓和腹泻，并增加肌力和体力，并养肝降血压。

牛奶红枣粥

◎**配方** 红枣20枚，粳米100克，牛奶150毫升，黄糖适量

◎**制作** ①将粳米、红枣一起洗净泡发。②将泡好的粳米、红枣加入牛奶中一起煲45分钟。③待煮成粥后，加入黄糖继续煮融即可。

◎**功效** 牛奶中所含糖类为乳糖，有调节胃酸、促进胃肠蠕动和消化腺分泌的作用，可增强消化功能，增强钙、磷等元素在肠道里的吸收。

黄芪枸杞茶

◎**配方** 黄芪30克，莲子、枸杞各15克，砂糖适量

◎**制作** ①黄芪剪碎同莲子、枸杞一起盛入锅中。②加500毫升水以大火煮开，转小火续煮30分钟，调入砂糖即可。

◎**功效** 黄芪、莲子均有健脾胃的作用。此茶能促进人体产生抗病毒的干扰素，增加抗体和免疫细胞的数量和活力，增强人体中的抗氧化剂和对病毒的抵抗力，对提高免疫功能大有助益。

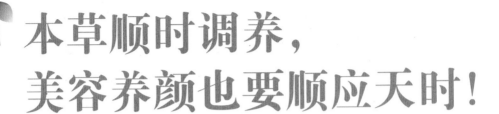

本草顺时调养，
美容养颜也要顺应天时！

春夏秋冬，四季轮回，周而复始，但容颜没有四季轮回，所以美容养颜要顺应天时，随着时令的更迭而改变。春天，是皮肤护理的最佳季节，因此要懂得好好呵护；夏日内外抗击紫外线；秋冬防燥热、补气血。只有这样，才能永葆容颜不老。

春季是保养容颜不可错过的大好时机！

春季保养，首先要做好日常护理

从外面回来后要及时把落在脸上的花粉、灰尘等会引起过敏的杂物洗干净，以减少致病的机会。另外，洗脸的时候不要用碱性强的肥皂或洗面奶，以免破坏皮脂膜而降低皮肤抵抗力。在护肤品方面，最好选择纯天然的，如含海藻、甘草、芦荟的护肤品通常有抗过敏功效。要选择适合自己肤质的化妆品，可以素颜的时候尽量不要化妆，更不要化浓妆。

春季护肤，少油多水分区域

冬去春来，春天渐临。冬天油腻腻的护肤品已不再适合春季的皮肤了，因此，对春季的皮肤保养来说，选好护肤品是关键。春季多风、多沙，皮肤特别容易干燥，因此一定要选用保湿功能较强的护肤品。另外，面部皮肤并不是每处都一样，护肤还要针对肌肤的不同部位进行分区管理，才能让肌肤吸收到充分的水分。T区一直都给人多油的印象，但在春季，T区其实并不会显得特别多油，因此不必强力去油，只要用温和的保湿化妆水来进行合理的补水就行了。春天的风常让人感觉嘴唇很干，甚至会出现脱皮、流血的现象。因此，唇部保湿就春季保养来说也是非常重要的。女性朋友们可以每周做一次蜂蜜唇膜来深度滋养嘴唇。蜂蜜是唇膜的最佳材料，在双唇上涂上蜂蜜，用一小片保鲜膜覆盖，15分钟后洗净即可。唇膜最好在晚上入睡前做，这时候效果更好。

🌸 春季注意饮食均衡，让你皮肤犹如新生

春季要多吃富含维生素的蔬菜、水果等，以增强机体免疫力，并能润泽肌肤，让你的皮肤犹如新生。蜂蜜是春季最理想的保健饮品，蜂蜜质地滋润，可滋润皮肤、防止便秘，让你拥有一个通畅无阻的春季。红枣、胡萝卜也是春季不可或缺的佳品，可使皮肤处于健康状态，变得光泽、红润、细嫩。另外，春季应多吃温阳性食物、生发性食物、酸性食物、甜性食物等，如豆芽、韭菜、青笋、香椿、酸枣、橙子、猕猴桃、羊肝、猪肝、鸡肝等。

🎀 炎炎夏日，内外双重抗击紫外线

🌸 夏季"饮食防晒计划"

①**每天吃含高维生素C的水果**：维生素C是"永远的美肤圣品"，不仅能使肌肤白皙，更能令肌肤显得柔嫩光滑，如同幼儿般令人羡慕。想拥有健康明亮、不易晒伤的肌肤，几乎每个皮肤科医生都会让你每天吃2～3份含高维生素C的水果，如番石榴、猕猴桃、草莓、圣女果或是柑橘类都可以。

②**适量摄取黄、红色蔬果**：红色、橘黄色蔬果及深绿色叶菜，如胡萝卜、芒果、西红柿、木瓜、空心菜等，都含有大量胡萝卜素及其他植物化学物质，有助于抗氧化，增强肌肤抵抗力。不过，这类食物不可吃得太多，否则容易让肤色显得黄黄的。因为胡萝卜素等积存下来，就会反映到肌肤上。所以榨胡萝卜汁等饮品不能多喝，每天摄入量控制在250克左右就比较适当了。

③**经常吃豆制品**：豆制品对健康的益处向来为大众所津津乐道。大豆中的异黄酮是一种植物性雌激素，它也具有抗氧化能力，是女性维持光泽细嫩肌肤不可缺少的一类食物。大豆制品中，豆腐、豆浆（建议不放糖）是比较好的选择，而其他加工的豆制品，如豆干及豆皮等，热量都比一般豆腐高很多。100克传统豆腐热量为209～367.8焦耳，但100克日式炸豆皮却含1609焦耳热量，所以爱美女性最好别多吃。

④**抓把坚果当零食**：对肌肤来说，吃进的油脂可能是"天使"，也可能是"恶魔"，关键看你吃的是哪种油。坚果中的植物油多半富含维生素E，能帮助抗氧化和消除自由基。另外，如果你平时都吃白米饭、白面包，建议舍弃它们，改吃全谷类吧！因为"吃得越粗，肌肤越细"。

⑤**每天坚持两杯茶**：中国茶文化渊远流长，到今日人们已从其中发掘出许多养生美容的精髓，连对抗日晒也有独特的功效。美国研究指出，喝绿茶或是使用含绿茶成分的保养品，可以让因日晒导致的肌肤晒伤、松弛和粗糙的过氧化物减少约三分之一。一般健康人喝茶养生，每天2～4杯较合适，也可将不同类的茶换着喝。

🌸 夏季常见问题——湿热与流汗

除了防晒，夏季还有两个常见问题——湿热猖獗与流汗困扰女性。夏季湿热盛行，一不小心就会侵入体内，让人出现不适症状，对湿热体质的女性影响更大。若湿热体质女性体内湿热加剧，皮肤、泌尿系统就会表现出病态。而夏季流汗造成身体体味过大也让人难以忍受，不仅影响人与人之间的正常交流，还会让身体产生种种不适感。不过，这些问题都可以用饮食调养的手段解决。

①**化湿清热**。对于湿热体质的女性来说，要想清热解毒，除了在饮食上，忌甜腻、过油、辛辣、烟酒外，还要注意清热化湿。对于这类人来说，宜吃两类食物。一类是化湿的，像藿香、狗脊、五加、独活、苍术这些中药材都具有良好的化湿功效，湿热体质女性宜多吃用这些药材所做的药膳。一类是清热的，清热的食物同样很多，如绿豆、黄瓜、芹菜、马齿苋、西瓜、冬瓜、苦瓜、西红柿、乌梅、荷叶、莲子、莲藕、绿豆芽、百合、丝瓜，等等。

②**调整饮食结构**。要避免夏季流汗过多身上产生酸臭味，就要注意调整饮食结构。对于偏爱肉食的人来说，体内环境会出现偏酸的情况，这类人的汗液中就会有脂肪酸的成分，会闻上去臭臭的，要想吃出体香，就要多吃碱性的蔬菜水果，这样就能平衡掉肉类中的酸性。另外夏天多吃木瓜、苹果、黑木耳、绿豆等具有排毒功效的食物会有助于将体内的污物清除，这样体味也能得到很好的改善。此外，富含铁的食物如菠菜、豆类、动物肝、畜禽血会使身上散发出春菊的香气；富含镁的食物如玉米、红薯、杏仁、燕麦、海藻会使身上散发出淡淡的杏香。

🎀 秋冬防燥、养气血，吃出花样女人

🌸 多吃甘润食物

含水分多的甘润食物，是秋冬季最为养身的食物。在干燥的季节，多吃甘润食物，一方面，可以直接补充人体水分，以预防口唇干裂等气候干燥对人体产生的直接伤害；另一方面，这些食物还能补养肺阴，防止身体在肺阴虚的基础上再受燥邪影响，产生疾病。甘润的食物，正适合这个季节进补。

甘润食物中主打食物为银耳、百合。银耳富有天然特性胶质，正适合秋冬季滋润而不腻滞的滋养特点，能养阴清热、润燥补脾、益气清肠，经常食用还可以润肤、祛斑。银耳还含有丰富的膳食纤维，还能养肝。温润如花的百合，含生物素、秋水碱等多种生物碱和营养物质，对病后体弱、神经衰弱等症状大有裨益。秋季容易出现支气管炎，若食用百合，也能有效改善症状，皆因百合可以解温润燥，有润肺、清心、止咳安神之效。

少吃辛辣食物

古代医书中就曾有"一年之内，秋不食姜"之说，意即秋冬季要注意不吃或少吃辛辣食品，如辣椒、花椒、桂皮、生姜、葱及酒等，特别是生姜。因为这些食物属于热性，在干燥的秋冬季，食后很容易刺激肠胃，导致上火伤肺。可以将少量的葱、姜、辣椒作为调味品，但不要时常吃、过量吃。

多吃补血食物

深秋时节，寒风乍起时，很多女性开始感觉手脚冰冷，畏寒气虚。这是因为体内气血不足所致，加之风寒干燥的气候，女性更易出现面色苍白、憔悴等症状。寒冬来临之前，适当食用补血食物，不仅能使皮肤红润，还能调经养身，让你有一个暖和的秋冬季。

补血食物中主打食物为红枣、枸杞。红枣中含有大量的环磷酸腺苷，能调节人体的新陈代谢，使新细胞迅速生成，并增强骨髓造血功能及血液中红细胞的数量，使肌肤光滑有弹性。此外，红枣养胃和脾、益气生津，有润心肺、补五脏、治虚损等功效。枸杞性味甘平，中医认为枸杞能滋补肝肾、益精明目、养血、增强免疫力。枸杞还能很好地起到抗疲劳和降低血压的作用。

少吃寒凉食物

到了秋季，夏季经常吃的凉性食物应该让它从餐桌上消失了。从中医学方面讲，秋天阳气渐收，阴气慢慢增加，因此不适合吃太多阴寒食物。俗语说"秋瓜坏肚"，就是凉性的西瓜、香瓜等，在寒气渐重的时节，食用后易损伤脾胃阳气，导致腹泻等症。

不吃伤胃水果

当出现肤干唇燥等"秋燥"状况时，不要以大量吃水果来"清火"，因为这样做极容易加重胃肠道负担，或者出现体内糖代谢紊乱。尤其是很多水果如柿子、香蕉、荔枝等空腹食用时，因为含有大量的果胶、柿胶酚、可溶性收敛剂等成分，容易与胃酸发生化学作用，凝结成不易溶解的块状物，而使胃胀痛。

春季调养药膳

春季是阳气的升发时节，因此，春季养生要重视养护阳气。怎样才能保护阳气呢？那就要从生活的方方面面出发，对身体进行调养了。在饮食方面，可以选择一些药膳以进行食补。

春季调养药膳1 ○ 党参黑豆煲瘦肉

◎**配方** 党参15克，黑豆50克，猪瘦肉300克，姜、葱、料酒、盐、味精、淀粉各适量

◎**制作** ①将党参润透，切成段；黑豆洗净泡发；猪瘦肉切成片。②瘦肉片用盐、淀粉腌5分钟，至入味。③党参、黑豆、猪肉、料酒、姜、葱同放入炖锅加水烧沸，再用小火炖煮45分钟，加入盐、味精即成。

◎**功效** 此汤有补血养颜之功效，是春季养生的佳品。

春季调养药膳2 ○ 马蹄腐竹猪肚汤

◎**配方** 猪肚1个，马蹄300克，腐竹3片，姜3片，胡椒粉1大匙，盐适量

◎**制作** ①猪肚洗净，放入大碗中，加入适量盐，抓匀腌10分钟，取出，放入开水中汆烫5分钟捞出，翻面洗净。②马蹄去皮，洗净；腐竹泡温水20分钟，洗净备用。③煲锅中倒入水4000毫升，以大火煮开，加入所有原材料，转用中火煲2小时，捞出猪肚，切成长块，放入再煲3分钟，加盐调味即可。

◎**功效** 此品有清热润肺、止咳消痰的功效。

双枣莲藕炖排骨

◎ **配方** 莲藕2节（约600克），排骨250克，红枣10枚，黑枣10颗，盐2小匙

◎ **制作** ①排骨汆烫，去浮沫，捞起冲净。②莲藕削皮，洗净，切成块；红枣、黑枣洗净。③将所有材料盛入锅内，加水1800毫升煮沸后转小火炖煮约40分钟，加盐调味即可。

◎ **功效** 红、黑两枣能补脾胃、益气生津，改善健康条件，还能增强血管韧性，提高肌耐力、保护肝脏。还能防止体内维生素C被破坏，增加其效果。

怀杞牛肉汤

◎ **配方** 新鲜怀山600克，枸杞10克，牛腱肉500克，盐2小匙

◎ **制作** ①牛腱肉切块、洗净，汆烫捞起，再冲净1次。②怀山削皮，洗净切块，备用。③将牛肉盛入煮锅，加7碗水以大火煮开后，转小火慢炖1小时。④加入怀山、枸杞续煮10分钟，加盐调味。

◎ **功效** 此汤有益气养血、滋补肝肾、强筋健骨、调节脾胃之功效。

椰子肉银耳煲老鸽

◎ **配方** 乳鸽1只，银耳10克，椰子肉100克，红枣、枸杞各适量，盐少许

◎ **制作** ①乳鸽收拾干净；银耳泡发洗净；红枣、枸杞均洗净，浸水10分钟。②热锅注水烧开，下入乳鸽滚尽血渍，捞起。③将乳鸽、红枣、枸杞放入炖盅，注水后以大火煲沸，放入椰子肉、银耳，小火煲煮2小时，加盐调味即可。

◎ **功效** 乳鸽具补而不燥的特性,银耳可滋阴养胃、润肺生津,椰子润肺滋阴,此汤能补益滋润健脑益智。

夏季调养药膳

夏天天气炎热，人往往比较烦躁，要避免天气给自己带来的负面影响，就要把酷暑高温拒之门外。在这个炎炎夏日，来一碗疏风清热、解毒去火的可口药膳是再好不过了！

夏季调养药膳1

莲子山药甜汤

◎**配方** 白木耳100克，莲子半碗，百合半碗，红枣5~6枚，山药1小段，冰糖适量

◎**制作** ①白木耳洗净泡开备用，红枣划几个刀口。②白木耳、莲子、百合、红枣同时入锅煮约20分钟，待莲子、木耳软了，将已去皮切块的山药放入一起煮。③最后放入冰糖调味即可。

◎**功效** 莲子健脾养心，山药益肾摄精，红枣补心补血，百合、银耳滋阴固肺，适合思虑过度劳心失眠者。

夏季调养药膳2

丝瓜猪肝汤

◎**配方** 丝瓜300克，猪肝100克，生姜3片，食用油、料酒、淀粉、盐各适量

◎**制作** ①将丝瓜削去皮，洗净，切块；生姜洗净，切片。②将猪肝切片，用清水浸泡5分钟，洗净，沥干水分，加适量料酒、淀粉拌匀，腌5分钟；③起油锅，下姜片、丝瓜略爆，加适量清水，煮开后放入猪肝煮至熟，加盐调味即可。

◎**功效** 丝瓜具有消除色斑、美白抗衰的功效；猪肝具有补肝、明目、养血的功效。

猪血豆腐

◎**配方** 豆腐150克，猪血150克，红椒1个，葱20克，生姜5克，盐6克，食用油适量

◎**制作** ①豆腐、猪血切成小块，红椒、生姜切片。②锅中加水烧开，下入猪血、豆腐余水后捞出；将葱、姜、红椒片下入油锅中爆香。③下入猪血、豆腐稍炒，加入清水焖熟，用盐调味即可。

◎**功效** 猪血味甘、苦，性温，富含铁，有解毒清肠、补血美容的功效，对贫血者有改善面色苍白的作用，是排毒养颜的理想食物。

银耳冰糖茶

◎**配方** 银耳30克，清茶6克，冰糖60克，枸杞少许

◎**制作** ①银耳用水泡20分钟。②银耳与清茶、枸杞一同放入锅中用小火煮。③煮开后调入冰糖即可。

◎**功效** 银耳被人们誉为"菌中之冠"，既是名贵的营养滋补佳品，又是扶正强壮之补药。这道茶有疏风清热之功效，是传统的滋阴佳品，建议经常饮用。

莲子红枣糯米粥

◎**配方** 圆糯米150克，红枣10枚，莲子150克，冰糖3大匙

◎**制作** ①糯米洗净，加水后以大火煮开，再转小火慢煮20分钟。②红枣泡软，莲子冲净，加入煮开的糯米中续煮20分钟。③待莲子熟软，米粒呈花糜状时，加冰糖调味即可。

◎**功效** 糯米可益气补脾肺，且利小便，润肺。中医认为糯米有补中益气、止泻、健脾养胃、止虚汗、安神益心、调理消化和吸收的作用。

秋季调养药膳

　　秋季气候干燥，空气中缺乏水分，这时候人们常常会觉得口鼻、皮肤干燥，渴饮不止等，因此，秋季养生应以"润燥"为主。以下推荐几款滋阴润燥的秋季药膳，让女人在秋季也能水嫩嫩！

秋季调养药膳1 ·········○ 菊花羊肝汤

◎**配方**　鲜羊肝200克，干菊花50克，鸡蛋1个，姜、葱、香油、食用油、淀粉、盐、味精、料酒各适量

◎**制作**　①将羊肝切成片，干菊花洗净；鸡蛋去黄留清，同淀粉调成蛋清糊。②羊肝片入沸水中稍氽一下，捞出沥干水分，用盐、料酒、蛋清糊浆好。③锅中油烧热，注入水，加入羊肝片、盐、菊花稍煮，加味精煮沸后，淋入香油即可。

◎**功效**　本品可清肝泻火、明目，对秋季眼睛干涩、红肿疼痛者有很好的食疗效果。

秋季调养药膳2 ·········○ 党参麦冬瘦肉汤

◎**配方**　瘦肉300克，党参15克，麦冬10克，山药适量，盐4克，鸡精3克，生姜适量

◎**制作**　①瘦肉洗净，切块；党参、麦冬分别洗净；山药、生姜洗净，去皮，切片。②瘦肉氽去血污，洗净后沥干。③锅中注水，烧沸，放入瘦肉、党参、麦冬、山药、生姜，用大火炖，待山药变软后改小火炖至熟烂，加入盐和鸡精调味即可。

◎**功效**　本品益气滋阴、健脾和胃，还能缓解秋燥，是滋补佳品。

山药炖鸡

◎ **配方** 山药250克，胡萝卜、鸡腿、盐各适量

◎ **制作** ①山药削皮，冲净，切块；胡萝卜削皮，冲净，切块；鸡腿肉剁块，放入沸水中氽烫，捞起，冲净。②鸡肉、胡萝卜先下锅，加水至盖过材料，以大火煮开后转小火慢炖15分钟。③续下山药转大火煮沸，转小火续煮10分钟，加盐调味即可。

◎ **功效** 山药药食两用、性质平和，可补肺、脾、肾三脏，加上胡萝卜、鸡腿，补而不燥，适合秋季食用。

鲜莲红枣炖水鸭

◎ **配方** 鲜莲子200克，水鸭1只，生姜1片，红枣6枚，盐少许

◎ **制作** ①莲子、红枣、生姜分别用清水洗净，莲子去心；红枣去核；生姜去皮，切片备用。②水鸭宰洗干净，去内脏，放入沸水中煮数分钟，捞起沥干水分，斩大件。③将全部材料放入锅内，注入适量清水，炖3小时，以少许盐调味即可。

◎ **功效** 本品清热泻火、益气补虚，对秋燥口舌生疮、皮肤干燥、咽干咽痛者有很好的效果。

莲子干贝烩冬瓜

◎ **配方** 干莲子20克，冬瓜500克，鲜干贝100克，盐2小匙，香油1小匙，太白粉1大匙

◎ **制作** ①干莲子泡水10分钟，利用电锅蒸熟后取出；冬瓜去皮及子后切片。②锅内倒入清水，放入干贝和莲子煮沸后转中火，再放入冬瓜片拌炒片刻，盖上锅盖续煮5分钟，加入盐、香油炒匀，最后加入调匀的太白粉水勾芡即可。

◎ **功效** 莲子可补肾健脾；冬瓜利尿；干贝可滋阴益气；本品可滋阴润肤、滋补脾肾，适合秋季食用。

冬季调养药膳

冬季是进补的最好季节。冬令时节，要想增强体质，养生保健，不妨烹调一些营养药膳，既可以解馋，又能滋补身体，还有一定的防病治病功效，一举三得，何乐而不为呢？

冬季调养药膳1 ········○ 生姜肉桂炖猪肚

◎配方 猪肚150克，瘦猪肉50克，生姜15克，肉桂5克，薏苡仁25克，盐3克

◎制作 ①猪肚里外反复洗净，飞水后切成长条；瘦猪肉洗净后切成块。②生姜去皮，洗净，用刀将姜拍烂；肉桂浸透洗净，刮去粗皮；薏苡仁淘洗干净。③将以上食材放入炖盅，加清水适量，隔水炖两小时，调入盐即可。

◎功效 本品可促进血液循环，强化胃功能，还能散寒湿，有效预防冻疮、肩周炎等冬季常发病。

冬季调养药膳2 ········○ 板栗蜜枣汤

◎配方 板栗100克，蜜枣4枚，桂圆肉15克，冰糖适量

◎制作 ①蜜枣洗净。②将板栗加水略煮，去其粗皮。③将板栗、蜜枣和桂圆肉放入锅中，加入水，以小火煮50分钟，再加入适量冰糖煮滚即可。

◎功效 冬主收藏，宜补不宜泻，板栗可补肾气藏精，桂圆可补血养心。因此本品适合冬季食用。